普通高等教育创新型人才培养规划教材

Java 语言程序设计基础

毕　静　主　编
王　岩　副主编

北京航空航天大学出版社

内 容 简 介

本书的主要内容是 Java 语言程序设计基础以及其中涉及的面向对象程序设计思想。Java 语言基础部分主要介绍编程语言基础和 Java 的一些语言特点。面向对象程序设计部分重点介绍面向对象的思想，相关概念和如何利用 Java 语言实现面向对象。然后介绍 Java 所特有的一些概念接口和包等。接下来是异常处理，图形用户界面，多线程编程，输入输出流和网络编程，涉及 Java 的具体编程功能应用。

本书可作为初学者的入门教材，也适于高等学校计算机科学及电子信息学科等专业本科学生学习使用。

图书在版编目(CIP)数据

Java 语言程序设计基础 / 毕静主编. -- 北京 ：北京航空航天大学出版社，2017.3

ISBN 978 - 7 - 81124 - 801 - 2

Ⅰ. ①J… Ⅱ. ①毕… Ⅲ. ①JAVA 语言－程序设计 Ⅳ. ①TP312.8

中国版本图书馆 CIP 数据核字(2017)第 020965 号

版权所有，侵权必究。

Java 语言程序设计基础

毕 静 主 编

王 岩 副主编

责任编辑 张艳学

*

北京航空航天大学出版社出版发行

北京市海淀区学院路 37 号(邮编 100191) http://www.buaapress.com.cn
发行部电话：(010)82317024 传真：(010)82328026
读者信箱：goodtextbook@126.com 邮购电话：(010)82316936
涿州市新华印刷有限公司印装 各地书店经销

*

开本：710×1 000 1/16 印张：14.5 字数：309 千字
2017 年 3 月第 1 版 2017 年 3 月第 1 次印刷 印数：2000 册
ISBN 978－7－81124－801－2 定价：29.00 元

若本书有倒页、脱页、缺页等印装质量问题，请与本社发行部联系调换。联系电话：(010)82317024

前　　言

本书内容是基于作者近10年的"面向对象程序设计及Java"课程的教学经验，以及研究和开发经验编写的。Java语言是目前应用最广泛的面向对象程序设计语言之一，几乎渗透到当前各种行业的应用中。现在软件程序设计的主要方法采用面向对象的方法，很多开发工具开发环境都是面向对象的。所以面向对象的思想是计算机相关专业学生必须要了解的一个知识内容。计算机相关行业的很多用人单位都希望招收一些有Java基础的人员，以及在考研复试中一些高校也设置了Java相关的复试科目，可见Java的受欢迎程度。

本书注重理论与实践相结合，注重基本知识的理解与基本技能的培养，使读者具有基本的Java程序设计的能力。可以掌握Java类的定义，继承、封装和多态的主要思想，包括：类的创建、对象的创建、子类创建、方法的重载和方法的覆盖。可以实现Java语言图形界面设计，重点掌握图形组件和事件模型，可以编写简单的图形界面程序。可以实现Java语言的多线程编程，掌握用Runnable接口和Thread类定义多线程的方法，并可以实现简单的线程控制。掌握使用Socket通信机制实现客户与服务器的通信，编写基本的网络通信程序。

本书只是给大家学习Java提供一个入门素材，讲述的都是Java中最基础的部分，实际上Java包含很多内容，本书无法全部包括，只能为大家以后更深入学习Java的其他部分提供基础。本书的第1章和第5章主要由刘芳老师负责编写，第2章、第8章和第9章由王岩老师编写，第3章、第4章、第6章和第7章由毕静老师负责编写。在编写本书的过程中，许多同事付出了辛勤的劳动，一些研究生也给予了很大的帮助，在此一并感谢。本书中的相关程序例子，都提供了电子版的代码。

编　者
2016年10月

目　　录

第 1 章　Java 语言概述 1
1.1　Java 概述 1
1.1.1　Java 的发展 1
1.1.2　Java 技术体系 2
1.1.3　Java 语言特点 3
1.2　JDK 的安装及 Java 应用程序 5
1.2.1　JDK 的安装及环境变量的配置 5
1.2.2　Java 应用程序 8
1.3　Java 开发工具 9
1.3.1　MyEclipse 集成开发环境 10
1.3.2　创建 Java 项目并运行 11
1.3.3　程序调试技术 14

第 2 章　Java 语言基础 16
2.1　标识符和保留字 16
2.1.1　标识符 16
2.1.2　保留字 16
2.2　数据类型 17
2.2.1　整数类型 17
2.2.2　浮点数据类型 18
2.2.3　字符型数据 19
2.2.4　布尔型数据 19
2.3　运算符与表达式 19
2.3.1　运算符 19
2.3.2　表达式 23
2.3.3　运算符的优先级和结合性 23
2.4　Java 流程控制语句 25
2.4.1　分支语句 25
2.4.2　循环语句 28
2.4.3　一般顺序控制 32

2.5 数组 …… 32
2.5.1 数组的声明 …… 32
2.5.2 数组的创建 …… 33
2.5.3 数组的引用模型 …… 36
2.5.4 不规则的二维数组 …… 36

第3章 面向对象程序设计 …… 38
3.1 类和对象 …… 38
3.1.1 基本概念 …… 38
3.1.2 定义类 …… 41
3.1.3 对象的生成和使用 …… 43
3.1.4 对象的引用模型 …… 46
3.2 类的封装性 …… 47
3.2.1 构造方法和析构方法 …… 48
3.2.2 this 引用 …… 50
3.2.3 访问权限 …… 51
3.2.4 实例成员与类成员 …… 53
3.3 类的继承性 …… 58
3.3.1 声明子类继承父类 …… 60
3.3.2 继承的层次结构 …… 62
3.3.3 继承中的 super 引用 …… 63
3.3.4 继承的基本特性 …… 63
3.4 类的多态性 …… 72
3.4.1 类的类型多态 …… 72
3.4.2 类的方法多态 …… 74
3.4.3 多态的基本特性 …… 76
3.4.4 多态中的 super 引用 …… 80
3.5 类的抽象性 …… 82
3.5.1 抽象类 …… 82
3.5.2 最终类 …… 85

第4章 接口和包 …… 87
4.1 接口 …… 87
4.1.1 接口与实现接口的类 …… 87
4.1.2 接口引用数据类型 …… 90
4.1.3 接口的特点 …… 90

4.1.4 接口的作用 ……………………………………………… 91
　　4.1.5 接口与抽象类的区别 …………………………………… 92
　　4.1.6 用接口实现多重继承 …………………………………… 93
4.2 包 …………………………………………………………………… 93
　　4.2.1 包的概念 ………………………………………………… 93
　　4.2.2 创建、声明和导入包 …………………………………… 95
　　4.2.3 Java 程序结构 …………………………………………… 95
　　4.2.4 JDK 中常见的包 ………………………………………… 96

第 5 章 异常处理 …………………………………………………… 97

5.1 Java 异常处理的基础知识 ………………………………………… 97
　　5.1.1 程序错误种类 …………………………………………… 97
　　5.1.2 异常处理的类层次 ……………………………………… 98
　　5.1.3 异常的分类 ……………………………………………… 100
5.2 Java 异常处理 ……………………………………………………… 101
　　5.2.1 异常处理基本过程 ……………………………………… 102
　　5.2.2 异常处理语句结构 ……………………………………… 103
5.3 抛出异常 …………………………………………………………… 107
　　5.3.1 使用 throw 语句抛出异常 ……………………………… 108
　　5.3.2 抛出异常的方法与调用方法处理异常 ………………… 110
5.4 自定义异常类 ……………………………………………………… 112

第 6 章 图形用户界面 ……………………………………………… 114

6.1 图形用户界面组件 ………………………………………………… 114
　　6.1.1 AWT 和 Swing …………………………………………… 115
　　6.1.2 基本组件 ………………………………………………… 116
6.2 布局管理器 ………………………………………………………… 124
　　6.2.1 FlowLayout 流布局管理器 ……………………………… 125
　　6.2.2 BorderLayout 边布局管理器 …………………………… 126
　　6.2.3 GridLayout 网格布局管理器 …………………………… 128
　　6.2.4 CardLayout 卡片布局管理器 …………………………… 130
6.3 事件处理 …………………………………………………………… 132
　　6.3.1 事件类 …………………………………………………… 132
　　6.3.2 事件监听器接口 ………………………………………… 133
　　6.3.3 委托事件模型 …………………………………………… 135
　　6.3.4 事件适配器类 …………………………………………… 138

6.4 高级组件及事件 ……………………………………………… 138
   6.4.1 文本组件 …………………………………………… 138
   6.4.2 按钮组件 …………………………………………… 139
   6.4.3 组合框组件 ………………………………………… 140
   6.4.4 菜单组件 …………………………………………… 143
6.5 图形设计 ……………………………………………………… 146
   6.5.1 绘图类 ……………………………………………… 146
   6.5.2 在组件上绘图 ……………………………………… 146

第 7 章 多线程编程 ………………………………………………… 153

7.1 多线程的概念 ………………………………………………… 153
   7.1.1 程序和进程 ………………………………………… 153
   7.1.2 线程的概念 ………………………………………… 154
7.2 Runnable 接口与 Thread 类 ………………………………… 155
   7.2.1 Runnable 接口 ……………………………………… 156
   7.2.2 Thread 类 …………………………………………… 156
   7.2.3 创建多线程程序 …………………………………… 157
7.3 线程的控制与调度 …………………………………………… 163
   7.3.1 线程的生命周期与状态 …………………………… 163
   7.3.2 线程调度与优先级 ………………………………… 164
7.4 Thread 类中控制线程的方法 ………………………………… 166
   7.4.1 线程常用方法 ……………………………………… 166
   7.4.2 后台线程 …………………………………………… 168
   7.4.3 连接线程 …………………………………………… 169
   7.4.4 线程休眠 …………………………………………… 171
   7.4.5 线程中断 …………………………………………… 172

第 8 章 输入输出流 ………………………………………………… 177

8.1 流的基本概念 ………………………………………………… 177
8.2 字节输入/输出流类 …………………………………………… 178
   8.2.1 InputStream 字节输入流 …………………………… 178
   8.2.2 OutputStream 字节输出流 ………………………… 179
   8.2.3 Java 标准输入/输出 ………………………………… 179
   8.2.4 Scanner 类 …………………………………………… 181
   8.2.5 文件字节流 ………………………………………… 184
   8.2.6 数据字节流 ………………………………………… 187

	8.2.7 对象字节流	190
8.3	字符输入/输出流类	194
	8.3.1 Reader 字符输入流	194
	8.3.2 Writer 字符输出流	195
	8.3.3 InputStreamReader	195
	8.3.4 OutputStreamWriter	196
	8.3.5 文件字符流	197
	8.3.6 缓冲字符流	198

第9章 网络编程 201

9.1	URL 访问网络资源	201
	9.1.1 URL 类	201
	9.1.2 URLConnection 类	204
9.2	Socket 通信	206
	9.2.1 Socket 通信原理	206
	9.2.2 TCP Socket 通信实现	207
	9.2.3 UDP Socket 通信实现	215

参考文献 220

第 1 章 Java 语言概述

Java 伴随着互联网的迅猛发展而发展,成了最流行的网络编程语言之一,其跨平台性标志着真正的分布式系统的到来。而且 Java 是免费使用的,这也使得它格外受欢迎。"Java 语言靠群体的力量而非公司的力量"是 Sun 公司的口号之一,这个观点也获得了广大软件开发商的认同。Java 目前非常流行,因此微软公司推出了与之竞争的 NET 平台以及模仿 Java 的 C#语言。后来 Sun 公司被 Oracle(甲骨文)公司并购,Java 也随之成为甲骨文公司的产品。在 Oracle 网站 http://www.oracle.com/technetwork/java/index.html 上可以免费得到 JDK(Java Devolp kit)。

1.1 Java 概述

Java 是 Sun 公司推出的面向对象程序设计语言,特别适于 Internet 应用程序开发,已得到了业界的广泛认可。许多计算机产业的大公司购买了 Java 许可证,这些公司包括 IBM、Apple、DEC、Adobe、Silicon Graphics、HP、TOSHIBA 以及 Microsoft。众多的软件开发商也开始支持 Java 软件产品。

1.1.1 Java 的发展

1995 年,Sun 推出了 Java 语言,并于 1996 年 1 月 23 日发布了 JDK 1.0。这个版本包括两部分:运行环境(JRE)和开发环境(JDK)。

JDK(Java Develop Kit)是 Sun 公司推出的 Java 开发工具包,它包括 Java 类库、Java 编译器、Java 解释器、Java 运行环境和 Java 命令行工具。JDK 本身仍使用较原始的命令行用户接口,其本身没有提供源程序编辑环境,也没有提供可视化的集成开发环境,而是由一些其他 Java 开发工具提供集成开发环境,如 Eclipse、Jcreator、Jbuilder 等。JRE 中包括核心 API、集成 API、用户界面 API、发布技术、Java 虚拟机(JVM)五个部分。

在 JDK 1.0 时代,JDK 除了 AWT(一种用于开发图形用户界面的 API)外,其他的库并不完整。Sun 在 1997 年 2 月 18 日发布了 JDK 1.1。JDK 1.1 相对于 JDK 1.0 最大的改进就是为 JVM 增加了 JIT(即时编译)编译器。JIT 和传统的编译器不同,传统的编译器是编译一条,运行完后将其扔掉,而 JIT 会将经常用到的指令保存在内容中,在下次调用时就不需要再编译了。这使得 JDK 在效率上有了非常大的提升。

1998 年,JDK 1.0 已发展到 JDK 1.1.8。JDK 1.x 经过了 9 个小版本的发展,已

经初具规模。1998年12月4日,Sun发布了Java历史上最重要的一个JDK版本:JDK 1.2。JDK 1.2与JDK 1.0有很大的区别,所以开始使用"Java 2"这一名称,即JDK 1.2以后的版本都称Java 2。

J2SDK(Java 2 Software Develop Kit)扩展了许多新特性,同时废弃了原版本的许多方法。新特性重点是用新的方法构建程序,如使用类库或者使用应用程序接口。JDK 1.2被分成了J2EE、J2SE和J2ME三大块,得到了强烈的市场反响。此外,JDK 1.2还将它的API分成了三大类。Swing是Java的另一个图形库,也是最引人注目的新特性。它不但有各式各样先进的组件,而且组件风格可抽换。Swing并不是为了取代AWT而存在的,事实上Swing是建立在AWT之上的。另外Java2还在多线程、集合类和非同步类上做了大量的改进。在Java2时代Sun对Java进行了很多革命性的改进,而这些改进一直沿用到现在,对Java的发展产生了深远的影响。

从JDK 1.2开始,Sun以平均两年一个版本的速度推出新的JDK。在2000年5月8日,Sun对JDK 1.2进行了重大升级,推出了JDK 1.3。Sun在JDK 1.3中同样进行了大量的改进,主要是在一些类库(如数学运算、新的Timer API等)和JNDI接口方面增加了DNS的支持和JNI的支持,这使得Java可以访问本地资源、支持XML以及用新的Hotspot虚拟机代替传统的虚拟机。

2002年2月13日Sun发布了JDK历史上最为成熟的版本:JDK 1.4。这次Sun将主要精力放到了Java的性能上。在JDK 1.4中,对Hotspot虚拟机的锁机制进行了改进,使JDK 1.4的性能有了质的飞跃。同时Compaq、Fujitsu、SAS、Symbian、IBM等公司的参与,也使JDK 1.4成为发展最快的一个JDK版本。到JDK 1.4为止,已经可以使用Java实现大多数的应用了。

虽然从JDK 1.4开始,Java的性能有了显著的提高,但Java又面临着另一个问题,那就是太复杂了。虽然Java是纯面向对象语言,但它对一些高级的语言特性并不支持。因此,在2004年10月,Sun发布JDK 1.5,同时将JDK 1.5改名为J2SE 5.0。JDK 1.4的主题是性能,而J2SE 5.0的主题是易用。Sun之所以将版本号1.5改为5.0,就是预示着J2SE 5.0较以前的J2SE版本有着很大的改进。Sun不仅为J2SE 5.0增加了诸如泛型、增强的for语句、可变数目参数、注释、自动拆箱和装箱等功能,也更新企业级规范,如通过注释等新特性改善了EJB的复杂性,并推出了EJB 3.0规范。同时又针对JSP的前端界面设计而推出了JSF。这个JSF类似于ASP.NET的服务端控件,通过它可以很快地建立起复杂的JSP界面。

J2SE 6.0不仅在性能、易用性方面得到了前所未有的提高,而且还提供了如脚本、全新的API(Swing和AWT等API已经被更新)等支持。而且J2SE 6.0是专为Vista而设计的,它在Vista上将会拥有更好的性能。目前已经推出了J2SE 7.0。

1.1.2 Java技术体系

目前,Java已经发展成为庞大的技术体系。这个技术体系主要有3个分支:Java

SE、Java EE 和 Java ME。

1. Java SE(Java Platform Standard Edition，Java 平台标准版)

这是适用于桌面系统的 Java 标准平台。Java SE 的程序运行在台式 PC 或便携式计算机上。Java SE 的实现主要包括：Java SE Development Kit(JDK)和 Java SE Runtime Environment(JRE)。本书要讲的程序主要是基于这个平台的。当然本书学习的是 Java 基础，对于其他平台的学习也有用。Java SE 是另外两个平台的基础，无论学习 Java EE 还是 Java ME，都必须要有较好的 Java SE 基础。Java SE 提供了编写与运行 Java Applet 与 Application 的编译器、开发工具、运行环境与 Java API。

2. Java EE(Java Platform Enterprise Edition，Java 平台企业版)

Java EE 是 Sun 公司推出的企业级应用程序平台，能够开发和部署可移植、健壮、可伸缩且安全的服务器端 Java 应用程序，其程序运行在工作站或服务器上。Java EE 是在 Java SE 的基础上构建的，可提供分布式企业软件组件架构的规范(组件模型)、Web 服务、管理和通信 API，可以用来实现企业级的面向服务体系结构(Service-Oriented Architecture，SOA)和 Web 2.0 应用程序，具有更高的性能、简化的集成性以及便捷性和 Java EE 服务器之间的互操作性。Java EE 包括 Enterprise JavaBeans(EJB)、Java Servlets API 以及 Java Sever Pages(JSP)等技术，并为企业级应用的开发提供了各种服务和工具。例如，如果要做一个大型电子商务网站，就可以在服务器端编写 Java EE 程序。同样，Java EE 程序也运行在 JVM 中。

随着 Java 技术的发展，Java EE 平台得到了迅速的发展，成为 Java 语言中最活跃的体系之一。如今，Java EE 不仅仅是指一种标准平台，更多地表达着一种软件架构和设计思想。

3. Java ME(Java Platform MicroEdition，Java 平台微型版)

Java 语言的前身是 Oak 项目，原本就是为嵌入式领域设计的，但却没有顺利进入嵌入式领域，而是随着 Internet 的发展占领了 PC 端以及 Server 端，随后又回到了嵌入式领域。Java ME 是适用于小型设备和智能卡的 Java 嵌入式平台，包括智能卡、移动通信、电视机顶盒等。Java ME 还可以用来实现在手机上的游戏、照相、媒体播放功能等。Java ME 在移动设备上越来越流行，并开始与 Symbian、BREW 和 .NET Compact Framework 展开竞争。

Java ME 主要针对的设备是嵌入式和消费类的设备。这些设备受内存和处理器的限制，所以 Java ME 所包含的类库也比较小，相对 Java SE 的类库来说做了一些剪裁，虚拟机的功能也相对简单。与 Java SE 和 Java EE 相比，Java ME 总体的运行环境和目标更加多样化，但其中每一种产品的用途却更为单一，资源限制也更加严格。

1.1.3 Java 语言特点

Sun 公司对 Java 编程语言的定义是：Java 编程语言是简单、面向对象、分布式、解释性、健壮、安全与系统无关、可移植、高性能、多线程和动态的语言。

Java语言程序设计基础

1. 跨平台性

跨平台性是指软件可以不受计算机硬件和操作系统的约束而在任意计算机环境下正常运行。这是软件发展的趋势和编程人员追求的目标。计算机硬件的种类繁多,操作系统也各不相同,不同的用户和公司有自己不同的计算机环境偏好,而软件为了能在这些不同的环境里正常运行,就需要独立于这些平台。

在Java语言中,Java自带的虚拟机很好地实现了跨平台性。Java源程序代码经过编译后生成二进制的字节码是与平台无关、但可被Java虚拟机识别的一种机器码指令。Java虚拟机提供了一个字节码到底层硬件平台及操作系统的屏障,使得Java语言具备跨平台性。

2. 面向对象

面向对象是指以对象为基本粒度,其下包含属性和方法。对象的说明用属性表达,而通过使用方法来操作这个对象。面向对象技术使得应用程序的开发变得简单易用,节省代码。Java是一种面向对象的语言,继承了面向对象的诸多优点,如代码扩展、代码复用等。

3. 安全性

安全性可以分为四个层面,即语言级安全性、编译时安全性、运行时安全性、可执行代码安全性。

语言级安全性指Java的数据结构是完整的对象,这些封装过的数据类型具有安全性。编译时要进行Java语言和语义的检查,保证每个变量对应一个相应的值,编译后生成Java类。运行时Java类需要类加载器载入,并经由字节码校验器校验之后才可以运行。Java类在网络上使用时,对它的权限进行了设置,保证了被访问用户的安全性。

4. 多线程

多线程在操作系统中已得到了最成功的应用。多线程是指允许一个应用程序同时存在两个或两个以上的线程,用于支持事务并发和多任务处理。Java除了内置的多线程技术之外,还定义了一些类、方法等来建立和管理用户定义的多线程。

5. 简单易用

Java源代码的书写不拘泥于特定的环境,可以用记事本、文本编辑器等编辑软件来实现,然后将源文件进行编译;编译通过后可直接运行,通过调试则可得到想要的结果。

Java语言省略了C++语言中所有难以理解、容易混淆的特性,例如头文件、指针、内存管理、运算符重载、虚拟基础类等。它更加严谨、简洁。

6. 解释执行

Java语言是一种解释型语言,在运行Java时,需要先将Java源程序编译成字节码,然后再利用解释器将字节码解释成本地系统的机器指令。由于字节码与环境无关,且类似于机器指令,因此,在不同的环境下,不需要重新对Java源程序进行编译,直接利用解释器进行解释执行即可。当然,随着 Java 编译器和解释器的不断改进,运行效率也在不断提高。

7. 高性能

由于 Java 是一种解释型语言,所以执行效率相对会低一些,但 Java 语言采用了两种手段,这使得其性能还是不错的。

① Java 语言源程序编写完成后,先使用 Java 伪编译器进行伪编译,将其转换为中间码(也称为字节码),再解释;

② 提供了一种"准实时"(Just-in-Time,JIT)编译器,当需要更快的速度时,可以使用 JIT 编译器将字节码转换成机器码,然后将其缓冲下来,这样速度就会更快。

1.2 JDK 的安装及 Java 应用程序

下面就进入 Java 语言程序设计的第一个步骤。首先从相关网站下载合适的 JDK,然后安装 Java 编程及运行环境,并编写第一个简单的 Java 应用程序。

1.2.1 JDK 的安装及环境变量的配置

开发 Java 程序首先要配置好环境变量,而 Java 运行环境的配置比较麻烦。下面介绍 JDK 的安装过程,这里选用的 JDK 是 jdk-6u33-windows-x64 版本。

安装分为两个步骤:

① 首先要准备好 JDK 的安装文件 jdk-6u33-windows-x64。

② 配置环境变量 path 和 classpath。

下面简单介绍安装过程。如图 1.1 和图 1.2 所示,启动安装程序,设置安装路径。

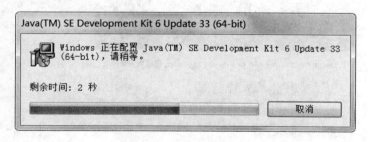

图 1.1 启动 JDK 安装程序

图 1.1　启动 JDK 安装程序（续）

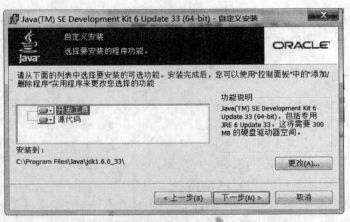

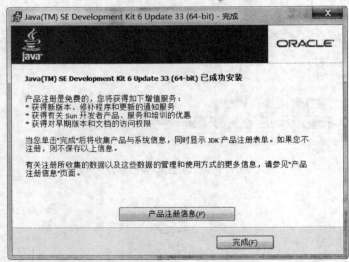

图 1.2　安装路径设置为 C:\Program Files\Java\jdk1.6.0_33\

之后，默认安装设置即可。在编译 Java 程序时需要用到 javac 命令，执行 Java 程序需要用到 Java 命令，而这两个命令并不是 Windows 自带的命令，所以需要配置好环境变量，这样就可以在任何目录下使用这两个命令了。设置环境变量的方法：在"我的电脑"上单击右键，选择属性→高级→环境变量→path，如图 1.3 所示。

图 1.3　系统环境变量 path 的配置

在 path 后面加上 C:\Program Files\Java\jdk1.6.0_33\bin;这是安装 JDK 的路径，如图 1.4 所示。注意：这里使用的是 Windows7 操作系统，至于其他的操作系统，配置会有所不同，读者可以自行查阅其他的资料。

设置环境变量：path 指出 Java 提供的可执行文件的路径；classpath 指出 Java 包的路径。此外，还可以安装 JDK 帮助文档。这样就可以在任何目录下使用 javac 和 java 这两个命令，用户编程时还可以调用 Java 类库中的资源。

JDK 安装之后在安装目录下可以看到以下一些文件夹。

① src.zip：核心 API 所有类的源文件；
② bin：包含编译器、解释器等可执行文件；
③ demo：包含源代码的程序示例；
④ include：编写 JNDI 等程序需要的 C 语言头文件；

图 1.4　添加环境变量 classpath

⑤ jre：Java 运行时环境；
⑥ lib：Java 类库。

1.2.2　Java 应用程序

安装好 Java 环境后，就可以编写、编译、运行 Java 应用程序了。Java 源程序文件（*.java）通过编译器（javac.exe）编译生成字节码文件（*.class），通过 Java 虚拟机中的 Java 解释器（java.exe）来解释执行其字节码文件。下面介绍一个最为简单的 Java 应用程序的编写、编译和运行过程。

编写源文件：C 语言源文件由若干个函数组成，Java 源文件由若干个类组成。对于没有安装第三方编辑环境的用户，可以通过记事本编写代码，然后修改记事本文件名并把扩展名修改为.java。

【例 1.1】显示字符串的 Application 应用程序。此文件的文件名必须为 Hello.java。

```
public class Hello
{
    public static void main(String args[])
    {
```

```
        System.out.println("Hello!");
    }
}
```

使用Java编译器(javac.exe)编译完成,生成.class文件,该文件称为字节码文件。字节码文件也称为类文件,是与平台无关的中间代码。虚拟机中的解释器负责将字节码解释成本地机器码,解释一句,执行一句。图1.5和图1.6所示为在命令行中编译和执行Java程序。

图1.5　在命令行中编译Java程序

通过Java虚拟机中的Java解释器(java.exe)来解释执行其字节码文件。Java应用程序从执行类的main方法开始执行。

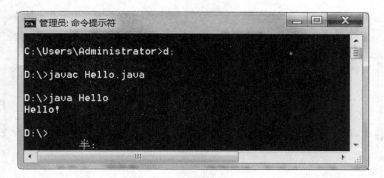

图1.6　在命令行中执行Java程序

1.3　Java开发工具

Java系统本身并没有提供Java的图形界面开发环境,只提供了命令行对Java程序进行编译和运行操作的命令。不过随着Java语言的流行,很多第三方公司开发了Java语言的图形化开发工具,如JCreator、JBuilder、MyEclipse等。本书将为大家介绍其中较为流行的 MyEclipse。MyEclipse 提供 Java 程序的编辑、编译和运行的集成开发环境。

1.3.1　MyEclipse 集成开发环境

MyEclipse 的安装使用都比较简单,接下来介绍一下 MyEclipse 的基本安装过程及使用方法。

只需要单击安装图标,然后单击下一步,系统就可以自动安装成功。图 1.7 是安装完自动启动后,要求用户设置自己的工作目录,图 1.8 所示为 MyEclipse 主界面。

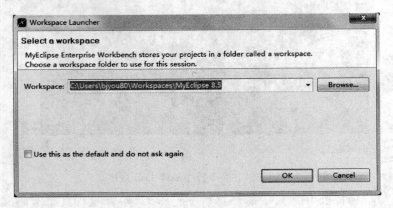

图 1.7　启动 MyEclipse 设置工作目录

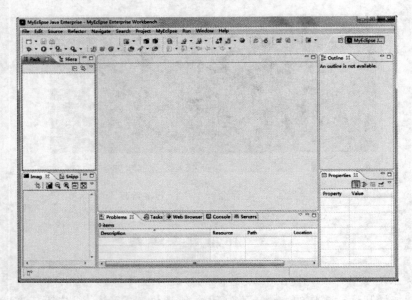

图 1.8　MyEclipse 主界面

1.3.2 创建 Java 项目并运行

一个 Java 工程的基本结构中,首先要有一个工作区,然后在工作区中可以定义多个 Java 项目,每个 Java 项目包含多个 Java 程序文件,即.java 的程序代码文件,如图 1.9 所示。

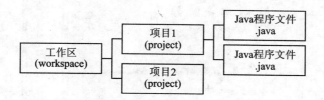

图 1.9 MyEclipseJava 程序文件组织结构

新建各种工程、项目和各类 Java 文件都可以通过主界面的"文件"→"新建"菜单找到相关菜单项。MyEclipse 主菜单如图 1.10 所示。

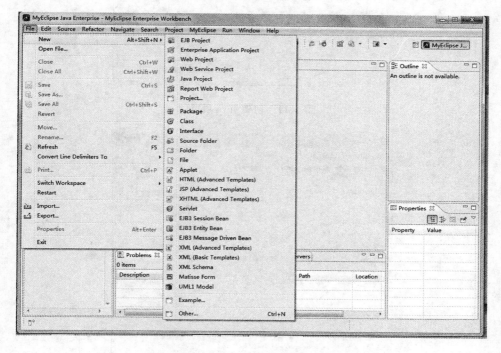

图 1.10 MyEclipse 主菜单

新建一个项目时,首先要设定项目的名称及其所在的工作空间(见图 1.11)。

新建 Java 类时,要设置 Java 文件存储的文件夹,所在包,是不是内部类,类的名字以及访问权限,是否是抽象类、最终类等。还要设置其实现了哪些接口,以及类中可能需要定义的主要函数等内容,如图 1.12 所示。

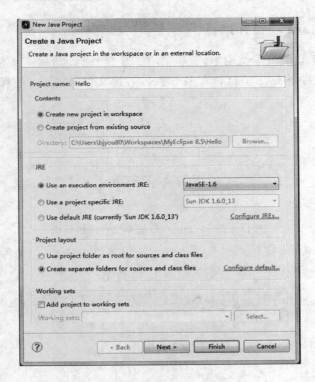

图 1.11 创建 Java 项目

图 1.12 创建类

图 1.13 所示的是新建了一个 Hello 类后，MyEclipse 呈现的样子。

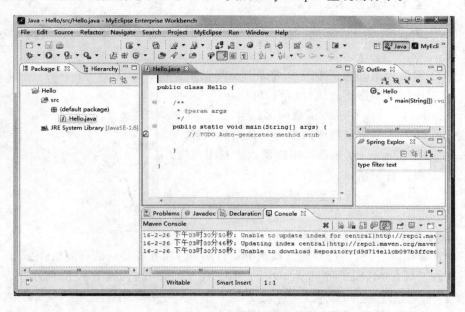

图 1.13　MyEclipse 编写类代码

Hello 类编译和运行也非常简单，单击菜单"Run"就可以运行程序了。运行结果在下面的输出栏中有显示，如图 1.14 所示。

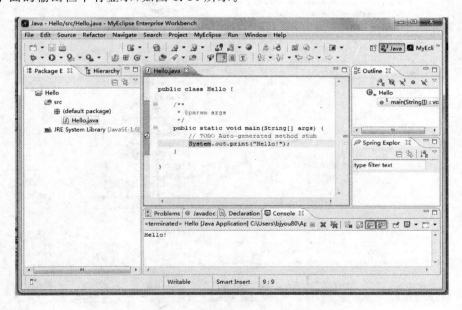

图 1.14　代码执行结果

1.3.3 程序调试技术

MyEclipse 集成开发环境,提供了对程序的调试功能,其中程序运行方式分为以下几种。

1) 正常运行 Run 是指程序正常运行直至结束。

2) 单步运行是指逐条执行语句,包括:

Step Into——跟踪进入函数内部;

Step Over——将函数调用作为一条语句执行;

Step Return——从函数体中返回函数调用语句。

3) 分段运行包括:

Run to Line——运行至光标所在行;

Resume——运行至下一个断点。

MyEclipse 提供的调试工具包括:

设置断点(双击相关行左侧),调试界面(Debug)和查看变量的当前值。

这些工具在 MyEclipse 主菜单中的"Run"中都可以找到,如图 1.15 所示。

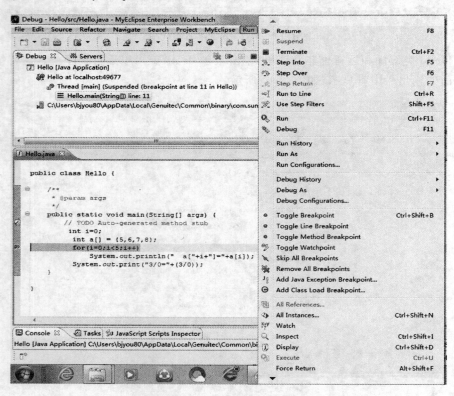

图 1.15 Hello 程序的设置断点

第1章 Java 语言概述

图 1.16 所示为对 Hello 程序设置断点后的调试过程,从中可以查看相关变量的值。

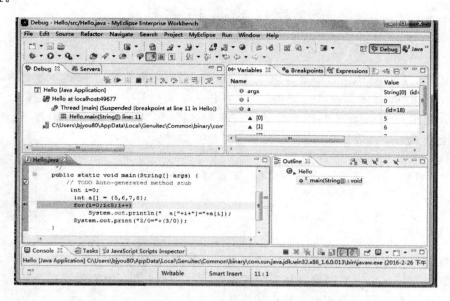

图 1.16 MyEclipse 调试界面

第 2 章 Java 语言基础

任何一种计算机语言都有其语法规则,Java 语言也不例外。掌握 Java 语言的基础知识,是正确编写 Java 程序的前提,也是进一步深入学习 Java 语言的基础。本章主要介绍编写 Java 程序必须熟悉的语言基础知识,包括 Java 语言标识符、保留字、数据类型、运算符、表达式、流程控制语句以及数组。

2.1 标识符和保留字

2.1.1 标识符

标识符用于标识变量、函数、类和对象的名称,一来说明它们的存在,二来方便于使用它们。程序员根据需要自行指定标识符,但在 Java 语言里需要遵循一定的语法规则。Java 对于标识符的命名规则如下:

① 第一字符必须为"A"~"Z""a"~"z""_""$"其中之一。
② 其他字符可以是"A"~"Z""a"~"z""_""$"以及 0,~,9。
③ 字母有大小写之分,没有最大长度限制。
④ 不能使用保留字(关键字)。

myname,ict_network,Hello,_sys_path $ bill 等都为有效的标识符。用户自定义的标识符可以包含保留字,但不能与保留字重名。例如:inta_number,char_one-char,float $ bill。

2.1.2 保留字

在 Java 语言中,保留字或关键字是指那些具有专门意义和用途的、由系统定义的标识符。表 2.1 所列为有关 Java 语言的一系列保留字。

表 2.1 Java 语言的保留字

abstract	class	false	import	package	switch	try
boolean	const	final	instanceof	private	synchronized	void
break	continue	finally	int	protected	this	while
byte	default	float	interface	public	threadsafe	
byvalue	do	for	long	return	throw	
case	double	goto	native	short	throws	

续表 2.1

catch	else	if	new	static	transient
char	extends	implements	null	super	true

注：在 Java 中常量 true、false、null 都是小写的，而在 C++ 中是大写的。

2.2 数据类型

Java 的数据类型与 C++ 相似，但有两点不同：①在 Java 语言中所有的数据类型是确定的，与平台无关，所以在 Java 中无 sizeof 操作符；②Java 中每种数据类型都对应一个默认值。这两点体现了 Java 语言的跨平台性和完全稳定性。

Java 的数据类型可分为基本数据类型（或叫简单数据类型）和复合数据类型。基本数据类型是指由 Java 语言本身定义的数据类型。复合数据类型是由用户根据需要自己定义并实现其运算的数据类型。表 2.2 列出了 Java 定义的所有基本数据类型。

表 2.2 Java 定义的所有基本数据类型

类型		范围/格式	说明
整数类型	byte	8 位二进制补码	字节整型
	short	16 位二进制补码	短整型
	int	32 位二进制补码	整型
	long	64 位二进制补码	长整型
实数	float	32 位 IEEE754 规范	单精度
	double	64 位 IEEE754 规范	双精度
字符	char	16 位 Unicode 字符集	单字符
布尔	boolean	true 或 false	布尔值

复合数据类型有类类型、接口和数组等。
Java 语言没有 C++ 中的指针类型、结构类型、联合类型和枚举类型。

2.2.1 整数类型

整数类型包括整型常量和整型变量。

1. 整型常量

整型常量有 int 和 long 两种类型，其中 long 型整型常量要在数字后面加大写的字母 L 或小写的字母 l。具体的整型常量有三种表示形式：

(1) 十进制整型常量

是由 0～9、+、- 字符组成，并以 +、- 号开头的数字串。如 987，-，654。

(2) 八进制整型常量

是由0～7、+、-、字符组成,并以+、-号加0开头的数字串。如023(相当于十进制的19),-,043(相当于十进制的-35)。

(3) 十六进制整型常量

是由0～9、+、-、A～F、a～f、x 或 X 字符组成,并以+、-号加0x 或 0X 开头的数字串。如0x12,-0X6A。

2. 整型变量

整型变量的类型有四种:byte、short、int 和 long。byte 类型是最小的整数类型,常用在小型程序的开发上,尤其在分析网络协议或文件格式时采用。short 在 Java 语言中很少使用。它是早期16位时代遗留下来的,而如今的计算机大都是32位的,所以很少使用以前的16位数据。int 数据类型是最常用的,而对那些不能确定其使用数据范围的变量,可采用 long 数据类型。举例如下:

```
int int_I = 6;          //定义了一个 int 变量 int_I
long long_I = 6;        //定义了一个 long 变量 long_I
```

整型运算符在整型运算时,如果操作数是 long 类型,则运算结果是 long 类型,否则为 int 类型,绝不会是 byte、short 或 char 型。这样,如果变量 i 被声明为 short 或 byte,i+1 的结果会是 int。如果结果超过该类型的取值范围,则按该类型的最大值取模。

2.2.2 浮点数据类型

浮点数据类型就是常说的实型数据,包括实型常量和实型变量。

1. 实型常量

实型常量有 float 和 double 两种数据类型,其中要表示 float 类型常量必须在数字后加上字母 F 或 f。有两种表示形式:

(1) 十进制数表示

由数字、小数点和正负号组成,且必须有小数点。如-0.12,35.67。

(2) 科学计数法表示

由数字、小数点、正负号和字母 E/e 组成,且在 E/e 之前必须有数字,如1.2e3,-,45E8。

2. 实型变量

实型变量的数据类型有 double 和 float 两种。double 称为双精度类型,float 称为单精度类型。双精度类型比单精度类型的数据具有更高的精度和更大的表示范围。但单精度数据比双精度数据所占内存空间少且在处理器进行处理的速度也比双精度数据类型快一些。举例如下:

```
float f = 3.14F;        //定义了一个 float 变量 f
double d = 3.14;        //定义了一个 double 变量 d
```

2.2.3 字符型数据

字符型数据也包括字符型常量和字符型变量。

字符型常量是用单引号括起来的一个字符,如:'A''9'。Java 语言中的字符型数据是使用 16 位 Unicode(全球文字共享编码)方式,用 16 位来表示东西方字符。由于采用 Unicode 编码方案,使得 Java 在处理多语种的能力方面得以大大提高,从而为 Java 程序在基于不同语种之间实现平滑移植铺平了道路。

与 C/C++ 相同,Java 语言也提供转义符号,以"\"开头,将其后面的符号转变为其他的含义。如:\ddd 表示 1 到 3 位八进制表示的数据;\uxxxx 表示 1 到 4 位十六进制表示的数据;\' 表示单引号。

另外,Java 中字符型数据虽然不能用作整型,但可以把它当作整型数据来操作。如

```
int one = 3;
char two = '2';
char three = (char)(one + two);
```

字符型变量 two 被转化为整型后进行相加,最后把结果又转化为字符型数据。

2.2.4 布尔型数据

布尔型数据只有 true 和 false 两个值,并且它们不对应任何整型值。

2.3 运算符与表达式

2.3.1 运算符

运算符按照参与运算的操作数的个数可分为:单目运算符、双目运算符和三目运算符。除进行运算外,运算符也返回值。这个值和类型取决于运算符和操作数的类型。

Java 运算符主要包括以下几类:算术运算符、关系运算符、条件运算符、位运算符、逻辑运算符以及赋值运算符。

1. 算术运算符

算术运算符完成算术运算,包括一元算术运算符(+、-、++、--)和二元算术运算符(+、-、*、/、%),如表 2.3 所下列。

表 2.3　算术运算符

运算符		使用方式	说　明
一元运算符	++	op++	op 值递增 1，表达式取递增前的值
	++	++op	op 值递增 1，表达式取递增后的值
	--	op--	op 值递减 1，表达式取递减前的值
	--	--op	op 值递减 1，表达式取递减后的值
	+	+op	取正
	-	-op	取负
二元运算符	+	op1+op2	求 op1 与 op2 相加的和
	-	op1-op2	求 op1 与 op2 相减的差
	*	op1*op2	求 op1 与 op2 相乘的积
	/	op1/op2	求 op1 除以 op2 的商
	%	op1%op2	求 op1 除以 op2 所得的余数

注：①进行取余运算的操作数可以是浮点数，a%b 和 a-((int)(a/b)*b) 的语义相同。这表示 a%b 的结果是除完后剩下的浮点数部分，如 12.5%3，结果为 0.5；

②两个整型相除，结果是商的整型部分，如 2/3 结果为 0，而 12/5 结果为 2。

只有单精度操作数的浮点表达式按照单精度运算求值，产生单精度结果。如果浮点表达式中含有一个或一个以上的双精度操作数，则按双精度运算，结果是双精度浮点数。

2. 关系运算符和逻辑运算符

关系运算符是比较两个数据大小关系的运算，常用的关系运算符是：>、>=、<、<=、==、!=。如果一个关系运算表达式，其运算结果是"真"，则表明该表达式所设定的大小关系成立；若运算结果为"假"，则说明了该表达式所设定的大小关系不成立。逻辑运算和关系运算的关系十分密切，关系运算是运算结果为布尔型量的运算，而逻辑运算是操作数和运算结果都是布尔型量的运算（见表 2.4）。

表 2.4　逻辑运算符

运算符	使用方式	返回 true 的条件
&&	op1&&op2	Op1 与 op2 均为 true
||	op1||op2	Op1 或 op2 为真
!	!op	Op 为假

3. 位运算符

位运算符是对操作数以二进制位进行运算，运算的结果为整型数据（见表 2.5）。

第2章 Java语言基础

表2.5 位运算符

运算符	使用方式	操作
>>	op1>>op2	op1中各位都向右移op2位（最高位补符号位）
<<	op1<<op2	op1中各位都向左移op2位
>>>	op1>>>op2	op1中各位都向右移op2位（无符号,补0）
&	op1&op2	按位与
|	op1|op2	按位或
^	op1^op2	按位异或
~	~op	按位取反

Java语言中使用补码来表示二进制数,见表2.6和表2.7。

表2.6 移位运算示例

X(十进制数)	二进制补码表示	x<<2	x>>2	x>>>2
25	00011001	01100100	00000110	00000110
−17	11101111	10111100	11111011	00111011

表2.7 其他位运算示例

x,y(十进制数)	二进制补码表示	x&y	x|y	x^y	~x
x=25	x=00011001	00001001	11111111	11110110	11100110
y=−17	y=11101111				

4. 赋值运算符

赋值运算符有＝和符合赋值运算符,符合赋值运算符是先对某表达式进行某种运算后,把运算结果赋给一个变量,见表2.8。

表2.8 赋值运算符

复合赋值运算符	使用方式	等价形式
+=	op1+=op2	op1=op1+op2
-=	op1-=op2	op1=op1-op2
*=	op1*=op2	op1=op1*op2
/=	op1/=op2	op1=op1/op2
%=	op1%=op2	op1=op1%op2
&=	op1&=op2	op1=op1&op2
|=	op1|=op2	op1=op1|op2
^=	op1^=op2	op1=op1^op2

续表 2.8

复合赋值运算符	使用方式	等价形式
<<=	op1<<=op2	op1=op1<<op2
>>=	op1>>=op2	op1=op1>>op2
>>>=	op1>>>=op2	Op1=op1>>>op2

注意：当变量的数据类型与表达式计算结果的数据类型不一致时，如果变量数据类型级别高，则结果数据类型被自动转化为变量数据类型，然后赋给变量。否则，需要使用强制类型转换运算符将结果转化为变量数据类型。例如：

```
byte b = 20;      int I = b;              //自动转化
int a = 20;       byte b = (char)a;       //强制类型转化
```

【例 2.1】 算术运算：整除与取余。

程序如下：

```
public class Operator
{
    public static void main( String args [])
    {
        System.out.println("7 / 2 = " +(7/2));
        System.out.println("7.0 / 2 = " +(7.0/2));
        System.out.println("7 % 2 = " +(7%2));
        System.out.println("7.0 % 2 = " +(7.0%2));
        System.out.println(" -7 % 2 = " +(-7%2));
        System.out.println("7 % -2 = " +(7%-2));
    }
}
```

程序运行结果如下：

```
7 / 2 = 3              //整除
7.0 / 2 = 3.5          //除法
7 % 2 = 1              //余数为整数
7.0 % 2 = 1.0          //余数为浮点数？这样定义有什么意义？实数有余数的概念？
-7 % 2 = -1            //结果的符号与被除数相同
7 % -2 = 1
```

5. 条件运算符

条件运算符为三元运算符，其格式为：expression? Statement1:statement2。其功能是：若 expression 为真，则执行语句 statement1，否则执行语句 ststement2。例如：c=a>b? a:b。

注意：statement1 与 statement2 要有相同返回结果，且不能是 void 返回类型。

2.3.2 表达式

Java 语言和 C 语言的表达式非常类似。表达式是运算符、操作数和方法调用，按照语言的语法规则构造而成的符号序列。最简单的表达式是一个常量或一个变量。表达式的任务有两项：执行指定的运算和返回运算结果。例如：num1＋num2 就是一个有效的表达式。

【例 2.2】判断一个年份是否为闰年。

程序如下：

```
public class Leap_boolean
{
    public static void main(String args[])
    {
        int year = 2016;
        boolean leap = false;
        leap = (year % 400 = = 0) || (year % 100! = 0) && (year % 4 = = 0);
        System.out.println(year + " is a leap year, " + leap);
    }
}
```

程序运行结果如下：

2016 is a leap year, true

2.3.3 运算符的优先级和结合性

使用表达式要注意：运算符的功能；运算符的优先级；运算符的结合性；对操作数的要求，包括个数要求、类型要求和值要求（或 % 都要求右边的操作数不为零）；表达式值的类型。

对表达式的运算是按运算符的优先顺序从高到低进行的。同级的运算符按照运算符的结合性进行运算。表 2.9 列出了 Java 运算符的优先级（优先级从高到低排列）与结合性的情况。

表 2.9 运算符优先级和结合性

操 作	运算符	结合性
后缀运算符	[ ] . ( )	→
单目运算符	! ~ ++ - - + -	←
创建	new	→
乘除	* / %	→
加减	+ -	→

续表 2.9

操 作	运算符	结合性
移位	<< >> >>>	→
关系	< > <= >= instanceof	→
相等	== !=	→
按位与	&	→
按位异或	^	→
按位或	|	→
逻辑与	&&	→
逻辑或	||	→
条件	?:	←
赋值	= += -= *= /= %= &= ^= |= <<= >>= >>>=	←

由表 2.9 可以得出如下结论：

1）所有单目运算符处于同一级，它们比双目运算符的优先级高。

2）在双目运算符中，算术运算符高于关系运算符，关系运算符高于位操作和逻辑运算符。

3）条件运算符高于赋值运算符，它们的优先级别最低。

4）除了单目运算符、条件运算符和赋值运算符的结合性为从右到左外，其他均为从左到右。

Java 语言和解释器限制使用强制和转换，以防止出错导致系统崩溃。整型和浮点数之间可以来回强制转换，但整型不能强制转换成数组或对象，对象不能被强制为基本类型。

【例 2.3】求一个三位数的数字和。

程序如下：

```
public class Digsum3
{
    public static void main(String args[])
    {
        int n = 123,a = 0,b = 0,c = 0,digsum = 0;
        a = n % 10;              //个位
        b = (n % 100) /10;       //十位
        c = n / 100;             //百位
        digsum = a + b + c;      //数字和
        System.out.println("Digsum(" + n + ") = " + digsum);
    }
```

}
```

程序运行结果如下：

```
Digsum(123) = 6
```

2.4 Java 流程控制语句

流程控制语句是程序中基本且关键的部分，用来控制程序中语句执行顺序。在传统的结构化程序设计中，最主要的控制结构有顺序、分支和循环三种基本结构。虽然 Java 语言是面向对象的语言，但是在语句块内部，仍然需要借助基本流程结构来组织语句完成相应的逻辑功能。Java 中的控制结构是从 C 语言借鉴而来的。

2.4.1 分支语句

分支结构有两路或多路分支。它们均是根据条件表达式的真假来选择语句的走向。

1. if/else 分支语句

格式：

```
if(expression){
statements1;
}[else{
statements2;
}]
```

作用：如果 expression 为真，则执行语句块 statements1，否则执行 else 语句块 statements2。

2. 嵌套 if/else 分支语句

格式：

```
if(expression 1){
statements1;
}elseif(expression 2){
statements2;
}
...
elseif(expression N){
statementsN;
}else{
statements;
}
```
```

这种格式是if/else格式的扩充。注意：else子句必须与离它最近的if子句配对。如：

```
        if(x>y)
    if(x>z)
            System.out.println("x 最大");
        else
            System.out.println("z 最大");
else
        if(y>z)
            System.out.println("y 最大");
        else
            System.out.println("z 最大");
```

【例2.4】求3个整数中的最大值与最小值。

程序如下：

```
public class Max3if
{
    public static void main(String args[])
    {
        int a = 1,b = 2,c = 3,max,min;
        if (a>b)
            max = a;
        else
            max = b;
        if (c>max)    max = c;
        System.out.println("max = " + max);
        min = a<b ? a : b;
        min = c<min ? c : min;
        System.out.println("min = " + min);
    }
}
```

程序运行结果如下：

```
max = 3
min = 1
```

3. switch 分支结构

格式：

```
switch(expression){
case value1:statements1;break;
case value2:statements2;break;
```

...
case valueN:statementsN;break;
[default:statements;break;]
}

switch…case 与 C 语言一样,也是一种条件判断语句。当条件分支较多时,最好采用这种格式。

作用:当条件表达式的值为"value1"时就执行"statements1"。依次类推;其他情况执行最后的"Statements"。

注意:

① expression 必须是 int、byte、char 和 short 类型之一。

② value 必须是常量,且所有 case 子句中的 value 是不相同的。

③ default 语句是可选的。当存在 default 语句,且没有与 expression 匹配的 value 时,就执行 default 语句;当无 default 语句,且又无与 expression 匹配的 value 时,就跳出 switch 语句。

④ break 用于执行完一个 case 子句后跳出 switch 语句。在某些情况下,允许位置上连续的多个不同的 case 子句执行相同的操作,所以只在该组的最后一个 case 字句中使用 break 语句。

【例 2.5】显示星期几对应的英文字符串。

程序如下:

```
public class Week1
{
    public static void main(String args[])
    {
        int week = 1;
        System.out.print("week = " + week + "   ");
        switch (week)
        {
            case 0: System.out.println("Sunday");    break;
            case 1: System.out.println("Monday");    break;
            case 2: System.out.println("Tuesday");   break;
            case 3: System.out.println("Wednesday");break;
            case 4: System.out.println("Thursday"); break;
            case 5: System.out.println("Friday");    break;
            case 6: System.out.println("Saturday"); break;
            default: System.out.println("Data Error!");
        }
    }
}
```

程序运行结果如下：

week = 1   Monday

2.4.2 循环语句

循环语句是指在满足一定条件下，反复执行某一段语句。Java中有三种循环语句：while语句，do-while语句和for语句。其中while语句和for语句属于"当型"循环，即先判断循环条件，若条件为真则执行循环。而do-while语句属于"直型"循环，即先执行循环体，然后再判断循环条件是否成立来决定是否继续执行循环语句。for语句主要用于"计数"循环。循环语句的使用与C/C++是完全一样的。

1. for循环语句

格式：

```
for(initexpr1;testexpr2;incrementexpr3){
statements;
}
```

其中initexpr1完成初始化循环和其他变量的工作，并且只执行一次；testexpr2是条件表达式，用来判断是否继续循环；incrementexpr3用来调整循环变量，改变循环条件。

作用：首先执行初始化工作，然后判断条件表达式是否为真；如果为真，则执行循环体语句，执行后回到incrementexpr3语句来改变循环条件，从而完成一次循环。下一次循环从计算testexpr2开始，若条件表达式仍为真，则继续循环，否则跳出for语句。

示例：

```
for(int result = 1;I<100;I++){
    result *= I;
}
```

注意：三个表达式均可为空（但分号不能省），此时相当于一个无限循环；表达式1和表达式3可以使用逗号语句（逗号分隔的语句序列）来进行多个操作；可以在for语句的初始化部分声明一个变量（如上例中的int result），它的作用域为整个for语句。

【例2.6】求累加和。

程序如下：

```
public class Sum_for
{
    public static void main(String args[])
    {
```

```
        int i = 1,n = 10,s = 0;
        for(i = 1;i<= n;i+ +)          //循环控制变量递增变化
            s + = i;
        System.out.println("Sum = 1 +...+ " + n + " = " + s);

        s = 0;
        System.out.print("Sum(" + n + ") = ");    //显示计算公式
        for(i = n;i>1;i- -)                        //循环控制变量递减变化
        {
            s  + = i;
            System.out.print(i + " + ");
        }
        System.out.println(i + " = " + (s + i));
    }
}
```

程序运行结果如下:

Sum = 1 +...+ 10 = 55
Sum(10) = 10 + 9 + 8 + 7 + 6 + 5 + 4 + 3 + 2 + 1 = 55

2. while 循环语句

格式:

```
while(expression){
statements;
}
```

作用:先判断条件表达式 expression 是否为真,若是真,则执行循环体,循环体执行完后再转向条件表达式继续做计算和判断;当条件表达式为假时,则跳出 while 语句。如:

```
long result = 1;
while(I>0){
result * = I- -;
}
```

【例 2.7】计算 Fibonacci 序列。
程序如下:

```
public class Fib_while
{
    public static void main(String args[])
    {
        final int MAX = 20;
```

```
    int i = 0, j = 1, count = 0;
    while (count<MAX)
    {
        System.out.print(" " + i + " " + j);
        i = i + j;
        j = i + j;
        count + = 2;
    }
    System.out.println();
    }
}
```

程序运行结果如下:

0 1 1 2 3 5 8 13 21 34 55 89 144 233 377 610 987 1597 2584 4181

3. do-while 循环语句

格式:

```
do{
statements;
}while(expression);
```

作用:与 while 语句很相似,不同的是 do-while 语句是先执行循环体一次,再判断条件表达式 expression 是否为真,若为真,则继续执行循环体,否则跳出 do-while 语句。如:

```
long result = 1;
do{
    result * = I - - ;
}while(I>0);
```

【例 2.8】用 do-while 语句求累加和并显示计算公式。

程序如下:

```
public class Sum_dowhile
{
    public static void main(String args[])
    {
        int i = 1, n = 10, s = 0;
        do
        {
            s + = i;
            i + + ;
        } while (i< = n);
```

```
            System.out.println("s = " + s);
            System.out.println("i = " + i);
            i = 0;   s = 0;
            do
            {
                s += i;
                i++;
            } while (i >= n);              //循环体执行一次
            System.out.println("s = " + s);
            System.out.println("i = " + i);

            i = 1;   s = 0;                //显示计算公式
            System.out.print("Sum(" + n + ") = ");
            do
            {
                s += i;
                System.out.print(i + " + ");
                i++;
            } while (i < n);
            System.out.println(i + " = " + (s + i));
        }
    }
```

程序运行结果如下:

```
s = 55
i = 11
s = 0
i = 1
Sum(10) = 1 + 2 + 3 + 4 + 5 + 6 + 7 + 8 + 9 + 10 = 55
```

4. 增强型 for 循环结构

格式:

for(数据类型 变量:集合名)

作用:在JDK5.0新增了一个增强 for 形式的循环语句。它可以实现对集合(包括:数组或实现 Iterable 接口的类对象,如 ArrayList)元素的顺序访问。访问元素不通过数组的下标或迭代器,但可达到对集合的所有的元素的访问。

例如:

```
int array[] = {14,25,33,44};           //定义整型数组 array;
for(int i:array)                        //用增强 for 循环访问 array 的每一个元素;
    System.out.println(i);              //依次访问数组中每一个元素 i 的内容;
```

2.4.3 一般顺序控制

1. break 语句

格式：

break [label]

作用：使程序从一个语句块内部跳转出来。带标号的 break 语句就从当前这个语句块跳出进入标号对应的语句中。不带标号的 break 语句是从它所在的 switch 分支或最内层的循环体中跳转出来，执行分支或循环体后面的语句。

2. continue 语句

格式：

continue [label]

作用：对不带标号的 continue 语句用来结束本次循环，跳过循环体中未执行的语句，调整循环条件后，继续判断条件，以决定是否继续循环。对带标号的 continue 语句与带标号的 break 语句一样。

3. return

格式：

return expr;

作用：使流程从方法调用中返回，表达式的值就是调用方法的返回值。

2.5 数 组

数组是常用的数据结构，是由有限个相同数据类型的元素构成的集合。在 Java 语言中，数组属于复合数据类型，是由使用者自己来定义的，实际上是一种隐含的"数组类"的实例。数组名就是该实例的一个引用，同样数组元素是对数组元素类实例的引用。正因为如此，构建数组时就像构建对象一样要分几个步骤进行，即数组声明、数组实例化和数组初始化。数组声明就是说明数组的名字、数组元素的数据类型和数组的维数。数组实例化就是为数组开辟内存空间。数组初始化就是为数组元素设定初始值。若数组元素是复合类型，则必须对数组元素进行实例化和初始化。

2.5.1 数组的声明

Java 的数组声明可以采用与 C 语言类似的形式。

格式：一维数组和二维数组不同。

一维数组：arrayType arrayName[];

二维数组：arrayType arrayName[][];

例如:int count[]声明了一个整型一维数组,数组名为 count;
char ch[][]声明了一个字符型二维数组,数组名为 ch;
float f[]声明了一个单精度类型的一维数组,数组名为 f。
此外,Java 还提供了另外一种形式声明数组。
一维数组:arrayType　[]arrayName;
二维数组:arrayType　[][]arrayName;
例如 int []count; char [][]ch; float []f;这两种格式上的差别,表面上只是括号的位置不同;实质上,第二种格式体现了 Java 的纯面向对象特征,这在某方法需要返回对象时尤其方便。例如:

```
int[] TestArray(intarray_size){
int[]a = newint[array_size];
return a;
}
```

从上述的数组声明中可看出,Java 的数组声明语句没有指明数组大小。这是因为 Java 声明数组时并不一定需要为数组分配存储单元。Java 中数组的存储单元的分配是在创建数组时完成的。

2.5.2　数组的创建

与 C 和 C++不同,数组声明仅指定了数组的名字和数组元素的类型,Java 的数组在使用前必须先创建。创建数组即创建数组空间,对简单数据类型的数据元素还可同时进行初始化,一般有两种方式。

1. 一维数组的创建

(1)数组元素为简单数据类型

1)采用静态初始化。对于数据元素类型是基本数据类型的数组,声明数据与创建数组空间结合在一起,用一条语句完成,并同时给出各数组元素的初始值。格式为:

arrayType arrayName[] = {element1[,element2…]};

或

arrayType[] arrayName = {element1[,element2…]};

例如:

int[] smallPrimes = {2,3,5,7,11,13};

即定义一个含有 6 个元素的 int 类型并初始化的一维数组。

2)采用动态初始化。动态初始化的操作是由 new 运算符完成的。例如,对前面所声明的数组,可以用下面的形式创建一个数组

count[] = new int[10];

或者

count = new int[10];

事实上数组的声明与创建可以合并用一条语句来实现,如:

int count[] = new int[10];

或者:

int[] count = new int[10];

即定义了一个名为 count 的一维整型数组,并为该数组分配 10 个 int 型空间,初始化这 10 个数据值为 0。

(2) 数组元素为复合数据类型

对于数组元素为复合数据类型的一维数组的空间创建,可按以下两个步骤进行。

1) 为数组元素开辟引用空间,格式:

arrayName = new arrayType[arraySize];

2) 为每个数组元素开辟存储空间,格式:

arrayName[i] = new arrayType(paramList);
其中 i = 0,…arraySize - 1。

示例:

```
String stringArray[];                    //声明了一个 String 的数组 stringArray
StringArray = new String[3];             //创建了这个数组的引用空间
StringArray[0] = new String("Welcome");  //为第一个数组元素开辟存储空间
StringArray[1] = new String("to");       //为第二个数组元素开辟存储空间
StringArray[2] = new String("BeiJing");  //为第三个数组元素开辟存储空间
```

【例 2.9】用一维数组计算 Fibonacci 序列值。

程序如下:

```
public class Fib_array
{
    public static void main(String args[])
    {
        int fib[] = new int[23];
        int i,n = 20;
        fib[0] = 0;
        fib[1] = 1;
        for (i = 2;i<n;i++)
            fib[i] = fib[i-1] + fib[i-2];
```

```
        for(i=0;i<fib.length;i++)                //输出一维数组
            System.out.print(" "+fib[i]);
        System.out.println();
    }
}
```

程序运行结果如下：

0 1 1 2 3 5 8 13 21 34 55 89 144 233 377 610 987 1597 2584 4181 0 0 0

2．二维数组的创建

(1) 数组元素为简单数据类型

1) 采用静态初始化。同一维数组一样，声明数据与创建数组空间结合在一起，用一条语句完成，并同时给出各数组元素的初始值。例如：

```
int[][] smallPrime = {{2,3},{5,7},{11,13,17}};
```

由于二维数组看作是数组的数组，数组空间不是连续分配的，所以每一维的大小可以不一样。

2) 采用动态初始化。也同一维数组一样，通过 new 操作符进行空间分配，有两种方式：

直接为每一维分配空间，格式为：

arrayName = new arrayType[arraySize1][arraySize2];

例如：

int intArray[][] = new int[5][8];

或

int intArray[][]; intArray = new int[5][8];

也可以先分配第一维空间，然后依次为其他维分配空间：

例如：

char[][] ch = new char[10][];

上面的语句在创建数组时只定义了一个维的大小。这并不是书写上的错误，因为 Java 编译器只要求数组必须至少一维，另一维可在以后定义。

一般格式：

arrayName = new arrayType[arraySize1][];
arrayName[0] = new arrayType[arraySize2_0];
arrayName[arraySize1-1] = new arrayType[arraySize2_N];

如上例，其他维可按以下定义：

```
ch[0] = new char[6];              //第一维定义了一个 6 个元素的一维数组
...
ch[9] = new char[15];             //第十维定义了一个 15 个元素的一维数组
```

（2）数组元素为复合数据类型

采用上述动态分配中的第二种方式进行数组的创建，即首先为数组的最高维分配引用空间，然后依次为低维分配引用空间，还要为每个数组元素分配存储空间。

例如：

```
String str[][] = new String[2][];         //最高维的引用空间
Str[0] = new String[2];                   //低维的引用空间
Str[1] = new String[2];                   //低维的引用空间
Str[0][0] = new String("Happy");          //数组元素的存储空间及其数据
Str[0][1] = new String("Birthday");       //数组元素的存储空间及其数据
Str[1][0] = new String("to");             //数组元素的存储空间及其数据
Str[1][1] = new String("You");            //数组元素的存储空间及其数据
```

2.5.3 数组的引用模型

基本数据类型变量获得存储单元的方式是静态的，即声明之后就分配了存储单元，就可以赋值。基本数据类型变量之间的赋值传递的是值本身，它们各自值的变化不会相互影响。

数组变量保存的是数组的引用，即数组占用的一片连续存储空间的首地址及长度等特性。这是引用数据类型变量的特点。数组变量声明后，没有用 new 运算符申请存储空间时，变量中没有地址及特性值。数组变量之间的赋值是引用赋值，传递的是地址等特性，没有申请新的存储空间，他们共同拥有一个数组空间，值的变化会相互影响。

2.5.4 不规则的二维数组

每次申请一维数组时，可以申请不等长的，由此构成不规则的二维数组。二维数组的存储空间可以一次申请，也可以多次申请。

例如：

```
int mat[][] = new int[2][3];      //一次申请
```

例如：

```
int mat[][];                      //多次申请
mat = new int[2];
mat[0] = new int[3];
mat[1] = new int[3];
```

【例2.10】显示幻方阵。

幻方(Magic Square)是一种汉族传统游戏,将数字安排在正方形格子中,使每行、列和对角线上的数字和都相等。

三阶幻方是最简单的幻方,又叫九宫格,是由1,2,3,4,5,6,7,8,9九个数字组成的一个三行三列的矩阵,如图2.1所示,其对角线、横行、纵向的的和都为15。这个最简单的幻方的幻和为15,中心数为5。

8	1	6
3	5	7
4	9	2

图2.1 三阶幻方

程序如下:

```java
public class Magic
{
    public static void main(String args[])
    {
        int n = 3;                          //阶数
        int mat[][] = new int [n][n];
        int i = 0,j = n/2;                  //i,j用做下标,第1个数放在第1行中间位置
        for(int k = 1;k<= n*n;k++)          //k是自然数
        {
            mat[i][j] = k;                  //当前位置取值
            if(k % n == 0)                  //对角线已满
                i = (i+1) % n;              //下一位置向下一行
            else
            {
                i = (i-1+n) % n;            //下一位置向右上方
                j = (j+1) % n;
            }
        }

        for(i = 0;i<mat.length;i++)         //输出二维数组
        {
            for(j = 0;j<mat[i].length;j++)
                System.out.print(mat[i][j] + "\t");
            System.out.println();
        }
    }
}
```

程序运行结果如下:

```
8   1   6
3   5   7
4   9   2
```

第 3 章 面向对象程序设计

早期的程序设计经历了"面向问题""面向过程"的阶段,随着计算机技术的发展,以及所要解决问题的复杂性的增大,以往的程序设计方法已经不能满足发展的需求。于是,从 20 世纪 70 年代开始,相继出现了多种面向对象的程序设计语言,并逐渐产生了面向对象的程序设计方法。Java 语言也是其中的一种,要深入了解 Java 程序语言,一定要了解面向对象程序设计的观念。

本章要介绍的就是 Java 中非常重要的,面向对象程序设计的内容。有的读者可能是第一次接触面向对象的概念,这部分的主要任务就是要大家理解和掌握面向对象的思想,其中的一些概念比较抽象,理解也比较困难,如类,对象,封装,多态,继承等。这里会对每个概念进行详细的讲解,同时列举一些程序例子,便于大家理解和实际体会面向对象的程序设计编程方法和思想。

3.1 类和对象

面向对象的程序设计(Object Oriented Programming,OOP)是一种基于对象概念的软件开发方法。简单地说,面向对象程序设计描述的是对象之间的相互作用。面向对象程序设计是将人们认识世界过程中普遍采用的思维方法应用到程序设计中。

那么对象是什么呢?这一定是大家首先提出的疑问。我们先来了解一下什么是对象,什么是类。

3.1.1 基本概念

对象是现实世界中存在的事物,它们是有形的,如某个人、某种物品;也可以是无形的,如某项计划、某次商业交易。对象是构成现实世界的一个独立单位,人们对世界的认识,是从分析对象的特征入手的。现实世界中的每个实体都是一个对象,你是一个对象,我是一个对象,桌子是一个对象,椅子是一个对象。

以往面向过程的语言主要关注的是如何实现一定的程序功能,因此关注的是算法,程序设计先确定算法,再确定数据结构,即如何对数据进行操作实现相应的功能。而随着程序设计的发展,软件开发工作要关注的内容越来越多,功能的要求也越来越复杂,可能需要对现实世界中的所有事物进行操作和控制。因此,首先需要解决的问题就是如何将现实世界中的所有对象搬到程序中,在程序中进行表示。软件中的对象就是现实世界中实体对象在程序中的表示方法。

那么如何表示呢？首先要分析现实世界中对象的特征，发现这些事物都有一定的属性。对象的特征分为静态特征和动态特征两种。静态的特征指对象的外观、性质、属性等；动态的特征指对象具有的功能、行为等。例如，"桌子"有长、宽、高、颜色、材质等属性，"人"有名字，年龄、体重、头发的颜色等特征属性。这些特征属性在程序中就可以使用变量来表示，前面我们介绍了变量的定义方法。此外，"人"还可以有一些行为，如画画，唱歌等，这些可以用方法来定义，相应的功能实现相应的行为如我们可以定义画画的方法，唱歌的方法等。这些内容合起来就在程序中描述了一个现实世界中的对象，这也就是程序中的对象。

概念 1：对象（Object）
- 将现实世界的事物抽象成"对象"。
- 对象一般都有两个特征：
  状态（state）或属性（性别/年龄/身高/姓名→变量）；
  行为（behavior）或方法（成长/改名/行走→方法）。
- 软件的对象概念是由现实世界对象抽象而来。把现实世界对象的状态保存在软件对象的变量中；现实世界对象的行为通过软件对象的方法来实现。
- 对象是指现实世界的一个实体，有属性和方法。在 Java 语言中称为成员变量和成员方法。

既然每个现实世界的实体都可以表示为程序中的对象，那么，当我们想要实现一个学生管理系统时，就需要在程序中表示所有学生时，定义很多变量，很多方法，每个学生一段程序，这样程序太复杂庞大。然而事实上，这些变量和方法，可能有很多相同或相似的地方，例如，每个人都有名字，年龄，性别这些属性，只是每个学生的属性值不一样，有的叫张三，有的叫李四。为了能使得程序简单易懂，易于实现，我们在对象的基础上进一步进行抽象和提炼，对有共同特性和行为的对象进行描述，定义一个模板。每个学生只要将自己的值赋到模板中就形成了一个具体的对象。这就是用"类"的概念来帮助我们实现的。

概念 2：类（Class）
- 类是指对具有相同属性和方法的对象的描述，是定义一组具有共同状态和行为的对象的模板。类的一个实例就是一个对象。
- 类中的数据称为成员变量，对数据的操作称为成员方法。成员变量反映类的状态和特征，成员方法表示类的行为能力。
- 类是一种复杂的数据类型，它是将数据和与数据相关的操作封装在一起的集合体。对象与类的关系就像变量与类型的关系一样。

在面向对象程序设计中，类是一个独立的单位，它有一个类名，其内部包括成员

39

变量,用于描述对象的属性;还包括类的成员方法,用于描述对象的行为。在 Java 程序设计中,类被认为是一种抽象数据类型,这种数据类型,不但包括数据,还包括方法。这大大地扩充了数据类型的概念。

在软件中,类用来定义一个特定种类的所有对象的状态(属性)和行为(方法)。例如"你""我""他"都是人,即都是具有一些共同特征的对象,"人"这个类就是我们共同的模板,对我们的一个描述。所以,类的一个实例就是一个对象,是一个实实在在的个体,一个类可以对应多个对象。"人"的定义是类,"你""我""他"是对象实例。所以面向对象程序设计的重点是类的设计,而不是对象的设计。例如,可以定义 Person 这个类表示人:

```
class Person{
    String name;
    int age;
    blooean sex;
    setName(){……}
    gorw(){……}
}
```

从程序设计的角度看,类是面向对象程序中最基本的程序单元。类实质上定义的是一种数据类型,这种数据类型就是对象类型。所以可以使用类名来声明一个对象变量。声明对象变量之后,还不能使用对象。必须用运算符 new 创建对象实体之后,才能使用对象。类只定义数据及对数据操作的模板,类本身并不真正参与程序运行,实际参与程序运行的是类的对象。例如:

```
Person p1;
p1 = new Person();//类似于 int a = new int[5];
p1.name = "张三";
p1.age = 28;
```

内存中有一个空间保存了这个人,程序中就有了一个"张三"。

这样其他的数据类型类似,例如:10 是 int 类型的一个值,一个 int 变量 i 能够获得并保存 10 这个值。类的对象实例是类的取值,类的一个对象变量能够指向类的一个实例。例如:Person 这个类相当于是 int 这个数据类型,一个具体的人"张三"就相当于是值 10,另一个具体的人就是 11 等。对象变量 p1 就相当于变量 i,用来指向一个实例——就是一个人在程序中的引用方式。图 3.1 显示了基本数据类型和类这种数据类型的对比关系。

图 3.1　基本数据类型和类数据类型的对比

3.1.2　定义类

类定义是 Java 的核心,每个 Java 程序都是一个类定义,在 Java 程序中所实现的任何概念都必须封装在类中。类的基本声明格式如下:

类声明{
　　成员变量的声明
　　成员方法的声明和实现
}

将类的定义分为三个部分详细介绍,第一部分,类声明格式:

　　　　　　　[修饰符] class 类名 [extends 父类] [implements 接口列表]

本书中[]的意思是可选。修饰符的作用是说明类的访问权限,是否是抽象类或最终类等。这些修饰符加到类前面类就有了一些特殊的特性。后面介绍到这些修饰符时会详细解释他们对类产生了哪些影响,使类拥有了哪些特性。[extends 父类]表示类的继承关系,[implements 接口列表]表示类所实现的接口。当讲继承和接口时,再给大家具体介绍。因此,最简单基本的类声明例子:

class　Person

第二部分,声明成员变量:

　　　　　　　[修饰符] [static] [final] [transient] 数据类型 变量名

其中,修饰符用来说明成员变量的访问权限;static 用于声明"类成员变量"或者称为"静态成员变量"。final 用于声明常量。transient 用于声明临时变量。具体的定义例子:

class　Person{　　//类的声明
　　String name;　　　　　　//姓名,成员变量
　　int age;　　　　　　　　//年龄,成员变量
　　boolean sex;　　　　　　//性别,成员变量
}

第三部分,声明成员方法:

［修饰符］返回值类型 方法名（［参数列表 ］）［throws 异常类］{
　　语句序列;
　　［return ［返回值］］;
}

其中,修饰符用来说明成员方法的访问权限,static,final,abstract 等;［throws 异常类］用于异常处理。Java 类中的成员方法与 C 语言中的函数很像,但在声明、调用等方面有很大差别。具体声明的例子:

```
class  Person{ //类的声明
    void setName(String n) { //成员方法
        name = n;
    }
    void sing(String s){
        ...
    }
}
```

方法声明中的参数称为形式参数,形式参数的作用域是局部的,仅限于声明它的方法之内。方法体中可以声明变量,属于方法的局部变量,而不是类的成员变量。局部变量的作用域属于声明它的方法。Java 不支持传统意义上的全程变量。

除了以上主要的三个部分,在类中还可以声明 main 方法,格式如下:

　　　　public static void main(String args[])//声明格式是固定的

与 C/C++程序从 main()函数开始执行一样,Java 应用程序从 main()方法开始执行,如果一个类包含 main()方法,则该类可被 Java 虚拟机执行,称为可执行类。下面给出一个完整的类定义例子:

```
class Person{
    String name;              //姓名
    int age;                  //年龄
    boolean sex;              //性别
    void setName(String n) {  //填写姓名
        name = n;
    }
    void sing(String s){
      ...
    }
    public static void main(String args[]){   //main 方法
        ……
    }
}
```

3.1.3 对象的生成和使用

类是一个抽象的概念,要利用类的方式来解决问题,必须用类创建一个实例对象,然后通过对象变量去访问类的成员变量,去调用类的成员方法来实现程序的功能。一个类可创建多个对象,它们具有相同的属性模式,但具有不同的属性值。Java程序为每一个对象实例都开辟内存空间,以便保存各自的属性值。使用完后释放对象。

这里根据前面的介绍,定义了一个Person类,来描述人,相信类的基本形式读者应该已经很清楚了。类提供的只是一个模板,必须依照它创建出对象之后才可以使用。首先需要声明一个在程序中可以指代这个具体的人的实例的一个对象变量,声明对象变量的方法与声明其他变量的方法基本一致,就是指明其数据类型,然后给出变量名。声明对象变量的格式如下。

类 对象变量

例子: Person a; // 先声明一个Person类的对象变量

此处,人的实例的数据类型,很显然是Person,那么a就是一个对象变量。接下来,要将对象实例化,格式如下:

对象=new 类的构造方法([参数列表])

例子: a = new Person();// 用new关键字实例化Person的对象a

当然也可以用Person a = new Person();来声明变量。

对象变量只有在实例化之后才能被使用,而实例化对象的关键字就是new。在使用new运算符时,调用了类的构造方法,创建类的实例,为之分配内存并初始化。创建类的实例必须调用类的构造方法。类的构造方法是类中与类同名的一种特殊成员方法,用于创建类的实例并初始化对象。每个类都有一个构造方法,如果一个类没有声明构造方法,则Java会自动为该类生成一个无参数的构造方法。代码类似于: public Person(){}。

所以,之前所使用的程序虽然没有明确的声明构造方法,也是可以正常运行的。构造方法是很重要的一个概念,如下所示为构造方法定义的例子:

```
class Person{
    String name;           //姓名
    int age;               //年龄
    boolean sex;           //性别
    public Person(String n, int a, boolean s){//构造方法定义
        name = n;
        age = a;
        sex = s;
    }
}
```

Java语言程序设计基础

```
public class Test{
    public static void main(String[] args) {
        Person a = new Person("sunny",18,true); //创建对象实例
    }
}
```

通过new调用Person类的构造方法Person(String n，int a，boolean s)，创建了一个对象实例,将该实例赋值给对象变量a,a获得了该实例作为它的值。现在系统中有一个人sunny,接下来要对这个人进行处理,或者说使用这个人。

使用对象主要是引用对象的成员变量和调用成员方法。使用对象的基本格式:

对象.成员变量

对象.成员方法([参数列表])

具体的程序例子:

```
Person a = new Person("sunny",18,true);
p1.age = 20;           //访问对象的成员变量,设置sunny这个人年龄为20
p1.setName("李娜"); //调用对象的方法,设置sunny这个人名字为李娜
```

那么对象可以生成,当对象不在使用时,是否可以销毁呢？当然是可以的,Java语言具有资源回收机制,能够跟踪存储单元的使用情况,自动收回不再被使用的资源,所以程序中不必调用代码释放对象。对象不再使用后就会自动消失。

通过以上的学习,读者就能在程序中自己定义类,生成对象和使用对象,从而将现实世界需要的对象之间的相互作用,在程序中进行实现。下面给出一个完整的类定义和对象生成使用的例子。

【例3.1】 类定义,对象定义生成和使用的完整例子。

程序如下:

```
public class Person{
    String name;                       //姓名
    int age;                           //年龄
    boolean sex;                       //性别
    public void setName(String n) {//填写姓名
        name = n;
    }
    public void setAge(int a) {//填写年龄
        age = a;
    }
    public void showMyself(){//显示相关信息
        System.out.print("name = " + name + "   ");
        System.out.print("age = " + age + "   ");
        System.out.print("sex = " + sex + "   ");
    }
```

```
    public static void main(String args[]){//main方法
        Person p1 = new Person();
        p1.setName("李伟");
        p1.setAge(19);
        p1.showMyself();
        Person p2 = new Person();
        p2.setName("张三");
        p2.setAge(20);
        p2.showMyself();
    }
}
```

在编写Java程序时,有一些问题需要特别注意:

① 编写Java程序时,全部以定义类的方式。

② 编辑一个文件时,其中可以定义多个类,但只能有一个类的修饰符用public,且文件的名字应与这个类名相同。

③ 编译时用"javac 文件名.java"命令,会生成此文件中定义的所有类的.class文件。

④ 每个类中只能定义一个main方法,一个文件中当定义了多个类,每个类都可定义自己的main方法。

⑤ 执行时根据要执行的是哪个类的main方法,执行"java 类名"命令。

【例3.2】定义日期这个类的例子,大家进一步体会。

程序如下:

```
public class Date{ //类声明
    int year, month, day; //成员变量,年、月、日
    void setDate(int y,int m,int d) {
    //成员方法,设置日期值.公有的,无返回值,有三个参数
        year = y;
        month = m;
        day = d;
    }
    void print(){//输出日期值,无返回值,无参数
        System.out.println("date is " + year + " - " + month + " - " + day);
    }
    public static void main(String args[]){
        Date a = new Date() ; //创建对象
        a.setDate(2012,4,19); //调用类方法
        a.print();
    }
}
```

程序运行结果如下:

date is2012－4－19

3.1.4 对象的引用模型

Java语言的数据类型分为两大类:基本数据类型和引用数据类型。引用数据类型包括:数组、类和接口。引用数据类型的变量中存放的是数据的引用信息,类是一种引用数据类型,那么对象的引用模型具体实现方式,可以通过图3.2理解引用数据类型的引用和使用方式。

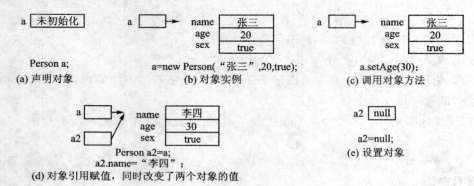

图3.2 对象变量和对象实例在内存情况

从图3.2中可以看出,定义了一个对象变量a,并进行了实例化new Person("张三",20,true);然后通过a调用方法setAge(30),重新设置了age的值。当我们再定义一个变量a2,同样a2引用的实例也是a引用的实例时,当a2修改它的name值为"李四"时,对于a来说,其name值也是同样的变为"李四"。从图中可以清楚地看到,这些过程在内存空间的情况。a和a2指向相同的内存空间,所以他们之间值的改变是相互影响的。

那么在Java程序设计中,方法中的参数传递,也就存在值传递和引用传递的区别。参数的值传递和引用传递的特点是:

① 形式参数的数据类型是基本数据类型,则实际参数向形式参数传递的是值。

② 形式参数的数据类型是引用数据类型,则实际参数向形式参数传递的是引用。

下面给出例子。

值传递方法定义为:zhichuan(int b){ b＝b＋2;}

值传递方法被调用:int a＝5;

A. zhichuan(a);//b＝5

结果:a＝5;b＝7;

引用传递方法定义为:zhichuan(Date1 b){b.year＝2008;}// Date1是一个类,b

是一个对象

引用传递方法被调用:Date1 a=new Date1();
　　　　　　　　a.year=2007;
A.zhichuan(a);//b 指向对象 a
结果:a.year=2008;b.year=2008;

3.2 类的封装性

类具有封装性、继承性和多态性。类的这三大特性构成面向对象程序设计思想的基石。封装性是面向对象的核心特征之一,它提供一种信息隐藏技术,使设计与使用分离。

类中既要提供与外部联系的方法,同时又要尽可能隐藏类的实现细节。为封装在一个整体内的变量及方法规定不同级别的"可见性"或访问权限。把不需要让外界知道的信息隐藏起来,有些对象的属性及行为允许外界用户知道或使用,但不允许更改;而另一些属性或行为,则不允许外界知晓;或只允许使用对象的功能,而尽可能隐蔽对象的功能实现细节。

封装性使得设计者知道"怎么做",使用者知道"做什么"而不知道"怎么做",使用者只能看见类中定义的某些方法,而看不见方法的实现细节,也不能直接对类中的数据进行操作。例如:以前大家在编写 C 语言程序时,有一个函数 abs(int a)求绝对值,大家只要知道求绝对值的方法是 abs(int a)就可以了,不必知道这个方法是如何实现的。这就是信息隐藏。

引入了封装后,程序员无须关心具体的实现细节,只要通过接口,了解功能,调用功能就可以了,这样可以节省大量的人力物力。有利于维护代码,程序员只需改自己内部代码,只要接口不变,其他程序也不用修改,还可使用这段功能代码。此外还可以保护一些不希望其他程序随便改动的变量或方法,通过访问权限控制其他类对象对变量和方法的访问。

概念 3:封装

- 将数据和对数据的操作组合起来构成类,类是一个不可分割的独立单位。
- 对象的实现细节隐蔽在对象内部。对象之间可以通过接口互相通信,一个对象不知道其他对象的实现细节。
- 为类的成员提供公有、缺省、保护和私有等多级访问权限,目的是隐藏和保护类中的私有成员和类中方法的实现细节。

将所有信息都定义在一个类中了,每个类中包含完整的信息内容。每个类的内容被其他类访问要受到一定的限制。例如,我想知道其他人的一些隐私属性,当这个属性设置为隐私,其他类就无法访问;要调用改别人名字的方法,当此方法设置为公开的,才能改,否则不能改。例如,获得名字的方法可定义为公开,但获得家庭地址的方法可能只希望一部分人知道。

那么如何实现封装呢？即实现相互独立，又相互可以联系呢？Java 提供构造方法、析构方法、设置访问权限等措施对类进行封装，即达到封装的目的，实现隐藏信息和对外提供联系。

下面按照封装性的设计思想，从类的构造方法、析构方法、方法重载、设置类中成员的访问权限控制等方面讨论如何对类进行封装。

3.2.1 构造方法和析构方法

1. 构造方法

用于创建类的一个实例并对其成员变量初始化。利用它来对对象的数据成员做初始化的赋值。所谓初始化就是为对象的赋初值。构造方法与类同名，构造方法返回的就是该类的一个实例，不需要写返回值类型。

```
class Date{
    int year, month, day;
    public Date(int y, int m, int d) {        //类的构造方法,用于初始化成员变量
        year = y;
        month = m;
        day = d;
    }
}
```

构造方法主要用于为类的对象定义初始化状态。有如下一些特点：

- 它的名字与类名相同；
- 不能直接调用构造方法，必须通过 new 关键字来自动调用，从而创建类的实例；
- 构造方法不能返回值。不能为构造函数声明返回类型，创建对象同时完成初始化，将对象设定为期望的状态，构造方法返回的就是该类的一个实例；
- Java 的类都要求有构造方法，如果没有定义构造方法，Java 编译器会提供一个缺省的构造方法，也就是不带参数的构造方法；
- 如果构造方法中没有为每个成员变量赋初值，那么会有一个默认值。各种数据类型的默认值为：数值型为 0；boolean 为 false；char 为 '\0'；对象为 null；
- 当声明了有参数的构造方法时，Java 不再自动为该类生成一个无参数的构造方法。如上面的 Date 声明了构造方法，所以 a= new Date();会出现错误；
- 如果需要多种参数的构造方法，则需要将构造方法重载。

如上所述，构造方法除了没有返回值，且名称必须与类的名称相同之外，它的调用时机也与一般的方法不同。一般的方法是在需要时才调用，而构造方法则是在创建对象时，在 new 操作符后面调用，并执行构造方法的内容。因此，构造方法不能在

程序中直接调用,而是在对象产生时调用执行。构造方法本身有很多特殊的地方,下面通过一个例子感受一下。

【例 3.3】构造方法定义的特性。

程序如下:

```
public class A{
    int a = 1;
    int b = 2;
    public A(int a1,int b1){
        a = a1;
        b = b1;
    }
    public A(int a1){//构造方法重载
        a = a1;
        b = 0;
    }
    void print(){
        System.out.print("方法\n");
    }
    public static void main(String args[]){
        A aa = new A(10);
        A bb = new A(10,11);
        A cc = new A();//编译出错
        aa.print();
        System.out.println(aa.a);
    }
}
```

程序说明:没有定义构造方法时,Java 自动生成无参构造方法。当自定义了构造方法,不会自动产生无参构造方法。

2. 析构方法

类的析构方法也是类中一种特殊成员方法,它的作用与构造方法正好相反,用于释放类的实例并执行特定操作。析构方法的定义:

```
public void finalize(){
    语句序列;
}
```

前面提到过 Java 具有资源回收机制,能自动收回不再使用的资源,所以一般情况下,自定义类不需要设计析构方法。但如果需要主动释放对象,或在释放对象时,需要执行特定操作,则类中可以定义析构方法来实现相关的操作。析构方法的主要特点:

① 约定析构方法名为 finalize；
② finalize()方法没有参数，返回值 void 类型；
③ 一个类只能有一个 finalize()方法，即 finalize()方法不允许重载。

3.2.2 this 引用

在 Java 中提供了代词 this，this 主要有以下三种用法：

1) 指代对象本身，例如：

```
public class Date{
    public boolean equals(Dated2){///此方法对比两个日期是否相同
        Dated1 = this;//this表示调用此方法的那个对象实例
        return   d1.month = = d2.month&&d1.day = = d2.day&&d1.year = = d2.year;
    }
    public static void main(string args[]){
        Date a1 = new Date();
        Date a2 = new Date();
        a1.equals(a2);
    }
}
```

当在类定义时，程序代码功能需要当前的对象实例时，可以使用 this 代替。从例子中可以看出，方法 equals()需要将两个 Date 实例对象进行比较，一个由参数传入，一个是调用这个方法的那个 Date 对象实例，this 此时表示当前调用此方法的那个 Date 对象。

2) 访问本类的成员变量和成员方法（区分同名成员变量与参数变量）

this.成员变量
this.成员方法([参数列表])

例如：

```
void setDate(int year, int month, int d){
    this.year = year; //不可省略
    this.month = month; //不可省略
    this.day = d;//可省略
}
```

当类中有两个同名变量，一个是类的成员变量，而另一个是某个方法中的局部变量，这时使用 this 区分成员变量和局部变量。

3) 调用本类重载的构造方法

this([参数列表])

例如：在类 Test 中有两个构造方法其中一种为：

```
    public Test(int a1, int b1) {//构造方法
        a = a1;
        b = b1;
}
```

另一种为:

```
    publicTest(){//构造方法
this(50,70); //此处的 this 就是调用上一个 Test(int a1, int b1)构造方法
    }
```

注:在构造方法中,this()必须是第一行语句;this()只能应用在构造方法的重载方法中,不能用在普通成员方法中。

例如:

```
public void setDate(Date a) { //公有的成员方法,设置日期值,重载
        this(a.year, a.month, a.day); //编译错,不能使用 this()
}
```

关于 this 进一步说明:一个类所有的实例调用的成员方法在内存中只有一份拷贝,尽管在内存中可能有多个对象,而成员变量在类的每个对象所在内存中都存在着一份拷贝。this 变量允许相同的实例方法为不同的对象工作。每当调用一个实例方法时,this 变量将被设置成引用该实例方法的特定的类对象。方法的代码接着会与 this 所代表的对象的特定数据建立关联。

3.2.3 访问权限

想要做到信息隐藏,不仅隐藏实现细节,还希望限制用户的使用范围。例如一个类中的某些方法只希望提供给一部分人使用,而对另一些人是禁止访问的。这时就要对类以及类中方法的可见范围进行限制。

例如,修改身份信息,应该只有本人可以改,其他人如果给你随便改个名字你是否愿意呢?很显然不可以,因此,changName()方法的访问权限应该设置为私有的,只有本类可以使用。

封装性的实现:为类及类中成员变量和成员方法分别设置必要的访问权限,使所有类、子类、同一包中的类、本类等不同关系的类之间具有不同的访问权限。Java 一共定义了 4 种修饰符:public(公有),protected(保护),缺省和 private(私有),来设置这种访问限制。

1. 类中成员的访问权限及访问范围限制

类中成员的访问权限如表 3.1 所列。其中极限修饰符的意义如下。

公有(public):可被任何类访问。

保护(protected):可被子类使用,可被同包的类使用

缺省：被同一包使用。
私有(private)：被同类使用。

表 3.1 访问权限

权限修饰符	同一类	同一包	不同包的子类	所有类
Public 公有	可访问	可访问	可访问	可访问
Protected 保护	可访问	可访问	可访问	
缺省	可访问	可访问		
Private 私有	可访问			

为成员变量定义访问权限的例子：

```
class Person{
    public String name;        //姓名
    private int age;           //年龄
    boolean sex;               //性别
    protected int num;         //号码
}
```

以下举例说明这几种访问权限的访问范围限制的效果，其中涉及包的概念，包的概念将在第四章进行详细的讲解，目前可以将包简单地理解为一个存放各种.class类文件的文件夹。例如，目前定义了多个类，这些类存放于不同的包中，他们之间的包的存放关系如图 3.3 所示，其中，Person 和 Student、Teacher 之间是父类和子类的关系。那么：

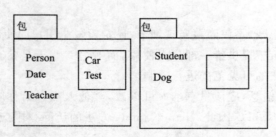

图 3.3 各个类在不同包中的关系举例

① 当 Person 中某成员是 Public 时，以上所有类中都可调用此成员；

② 当 Person 中某成员是 Protected 时，以上 Person，Date，Teacher，Student 中都可调用此成员；

③ 当 Person 中某成员是缺省时，以上 Person，Date，Teacher 中都可调用此成员；

④ 当 Person 中某成员是 Private 时，只有 Person 自己可调用此成员。

当然首先 Person 是 Public 的。

2. 类的访问权限:public(公有)和缺省

```
public class Date1         //公有的类
class Date2                //缺省的类
```

例如,当一个类是缺省的类型,那么在非同一个包的类中是不能访问此类的,因此即使此类中的成员是 Public 类型,此成员也是不能被访问的,因为这个类不能访问,自然不能定义他的对象实例,因此没办法访问其成员。那么当一个类是 Public 类型,那么在其他类中可以访问他,此时可以根据其成员的访问权限来限制成员的被访问范围。

当 Person 的访问权限是缺省,各个类在不同包中的关系仍如图 3.3 所示。Person 中有某个成员的权限是 Public,那么有哪些类可访问这个成员呢？答:Person,Date,Teacher。因为其他类连 Person 都不能访问,自然不能定义 Person 的对象实例,因此不能调用其相应的成员方法。

注意:当某些类的访问权限是不可访问的,那么即使在程序中用 import 引入该类,那么该类也是不可访问的。先可访问类,类中的成员才可按访问权限进行限制访问。关于关键字 import 在第四章介绍。

3.2.4 实例成员与类成员

Java 类中包括两种成员:实例成员和类成员。

实例成员:是属于对象的,只有创建了对象,通过对象访问实例成员变量和调用实例成员方法。每个对象各自有自己的版本。

类成员:是属于类的,用关键字 static 标识,也称为静态成员。通过类名可以直接访问类成员变量和调用类成员方法,即没有创建对象其也是存在的。类成员也可以通过对象引用。属于这个类的所有对象共用的一个版本。

关于实例成员和类成员的定义:

```
public class Person{
    String name;                        //实例成员变量
    int age;                            //实例成员变量
    static int count;                   //静态成员变量
    public void setName(String n) {     //实例成员方法
        name = n;
    }
    public static int howMany(){        //静态成员方法
        return count;
    }
}
```

1. 实例成员变量和类成员变量之间的 3 个区别

1)实例成员变量与类成员变量,两者声明时的差别:静态成员用 static 声明。

```
public class Person{
    String name;              //姓名,实例成员变量
    int age;                  //年龄
    static int count;         //人数,类成员变量
}
```

2) 实例成员变量与类成员变量,两者存储结构的差别:当创建一个对象时,系统会为每个对象的每个实例成员变量分配一个存储单元,使得属于不同对象的实例成员变量具有不同的值。为每个类成员变量只分配一个存储单元,使得同一个类的所有对象共用类成员变量。类变量的存在独立于类中的任何对象(如图 3.4)。例如:

Person p1 = new Person("张明",21);
Person p2 = new Person("王伟",19);

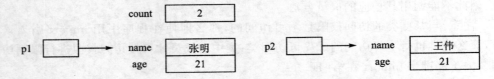

图 3.4　实例成员变量与静态成员变量的存储结构不同

3) 实例成员变量与类成员变量,两者引用方式的差别:实例成员变量属于对象,必须通过对象访问;类成员变量属于类,既可以通过对象,也可以通过类名访问。例子:

```
p1.name;
p1.count;
Person1.count;
```

【例 3.4】关于实例成员变量与类成员变量的区别。

程序如下:

```
public class B{
    int a = 1;                //实例成员变量
    static int b = 2;         //类成员变量
    public static void main(String args[]){
        B p1 = new B();
        p1.a = 10;
        p1.b = 20;
        B p2 = new B();
        p2.a = 100;
        p2.b = 200;
    System.out.println(p1.a);
    System.out.println(p2.a);
```

```
        System.out.println(p1.b);
            System.out.println(p2.b);
            System.out.println(B.b);
        }
}
```

程序的运行结果：

```
10
100
200
200
200
```

程序说明：从程序结果可以看出，B类的实例变量 a 初值为 1，类成员变量 b 初值为 2。生成两个 B 类对象实例，p1 将 a 赋值为 10，b 赋值为 20；p2 将 a 赋值为 100，b 赋值为 200。最后的运行结果，p1 的 a 为 10，b 为 200，p2 的 a 为 100，b 为 200。很显然，b 是被共享的。

2. 实例成员方法与类成员方法的 3 个区别

1) 实例成员方法与类成员方法，两者声明时的差别：静态成员用 static 声明

```
public static int howMany(){      //类成员方法
    return count;                 //类成员方法只能访问类成员变量
}
```

2) 实例成员方法与类成员方法，两者方法体中语句的差别：静态成员方法体中，不能使用 this 引用，不能访问实例成员（隐含 this）。实例成员方法可访问静态成员，也可以访问实例成员。

3) 实例成员方法与类成员方法，两者调用方式的差别：实例成员方法必须通过对象变量调用；静态成员方法既可以通过对象变量，也可以通过类名调用。例子：

```
        p1.setName();         //对象调用实例成员方法
        Person.howMany();     //类名调用静态成员方法
        p1.howMany();         //对象调用静态成员方法
```

为进一步了解实例成员变量、方法与类成员变量、方法的区别。请阅读以下程序，回答哪几句有错误？改正错误后的运行结果是什么？

【例 3.5】 实例成员变量、方法与类成员变量、方法的区别及编写注意事项的例子。

程序如下：

```
public class C{
    int a = 1;              //实例成员变量
    static int b = 2;       //类成员变量
```

```
    void printInfo(){
        System.out.println("实例成员方法 printInfo 输出:");
        System.out.println("实例成员变量 a = " + a);
        System.out.println("类成员变量 b = " + b);
    }
static void show(){
        System.out.println("类成员方法 show 输出:");
    System.out.println("实例成员变量 a = " + a);
    System.out.println("类成员变量 b = " + b);
    printInfo();
    C c = new C();
    System.out.println("变量 c.a = " + c.a);
    System.out.println("变量 c.b = " + c.b);
    }
    public static void main(String args[]){
        C p1 = new C();
        p1.a = 10;
        p1.b = 20;
        C p2 = new C();
        p2.a = 100;
        p2.b = 200;
        p1.printInfo();
        p2.printInfo();
        p1.show();
        p2.show();
        C.show();
    }
}
```

通过编译后:

C.java:11:无法从静态上下文中引用非静态 变量 a
　　　　System.out.println("实例成员变量 a = " + a);
　　　　　　　　　　　　　　　　　　　　　　　　　^

C.java:13:无法从静态上下文中引用非静态 方法 printInfo()
　　　printInfo();
　　　^

2 错误

在 static void show()方法中的 System.out.println("实例成员变量 a="+a)和 printInfo()有错误,实例成员变量和实例成员方法不可以在静态方法中使用,它隐含 this。System.out.println("变量 c.a="+c.a);可以正确编译,类成员方法,能访问 c 对象实例成员变量 name,没有隐含 this。将错误内容注释掉,运行结果:

实例成员方法 printInfo 输出:
实例成员变量 a = 10
类成员变量 b = 200
实例成员方法 printInfo 输出:
实例成员变量 a = 100
类成员变量 b = 200
类成员方法 show 输出:
类成员变量 b = 200
变量 c.a = 1
变量 c.b = 200
类成员方法 show 输出:
类成员变量 b = 200
变量 c.a = 1
变量 c.b = 200
类成员方法 show 输出:
类成员变量 b = 200
变量 c.a = 1
变量 c.b = 200

读者可以将运行结果对照自己的分析结果,如果分析结果正确表明对类的实例成员和类成员有了清晰的理解。

【例 3.6】再来看这个例子,其较好的说明了类成员在实际编程中的作用:
程序如下:

```
public class Person{
    protected String name;        //姓名,实例成员变量,保护成员
    protected int age;            //年龄
    protected static int count = 0;   //人数,类成员变量,本类及子类对象计数
    public Person(String name,int age) {  //构造方法
        this. name = name;
        this. age = age;
        count + + ;               //人数增1
    }
    public void finalize(){       //析构方法
        System.out.println("释放对象 (" + this.toString() + ")");
        this.count - - ;          //人数减1
    }
    public static void howMany(){//类成员方法,只能访问类成员变量
        System.out.print("Person.count = " + count + "   ");
    }
    public String toString() {
        return this.name + "," + this.age + "岁";
```

```
        //实例成员方法,可以访问类成员变量和实例成员变量
    }
    public void print()   {
        //实例成员方法,可以访问类成员变量和实例成员变量
        this.howMany();          //通过对象调用类成员方法
        System.out.println(this.toString());
    }
    public static void main(String args[]){  //main 方法也是类成员方法
        Person p1 = new Person("张明",21);
        p1.print();      //通过对象调用实例成员方法
        Person p2 = new Person("王伟",19);
        p2.print();      //通过对象调用实例成员方法
        p1.finalize();           //调用对象的析构方法
        Person.howMany();        //通过类名调用类成员方法
    }
}
```

程序运行结果:

Person.count = 1 张明,21 岁
Person.count = 2 王伟,19 岁
释放对象(张明,21 岁)
Person.count = 1

程序说明:

从运行结果可以看出,count 可以用来在一个类中的多个对象进行计数,并且可以通过类名获得这个类中所有对象的数目,这里只是类成员的一个应用例子,其还可以有其他更丰富的作用。

关于实例成员和类成员的总结:

实例成员:是属于对象实例的

① 只有创建了实例其才存在,每个实例的实例成员有各自存储空间。

② 实例成员通过对象变量访问。

静态成员:也称为类成员,是属于类的,用 static 标识

① 没有创建实例其也存在,所有实例共用一个静态成员存储空间

② 静态成员可以通过类名访问,也可以通过对象变量访问。

③ 静态成员方法体中,不能使用实例成员和 this 引用。

3.3 类的继承性

继承是面向对象方法中的重要概念,并且是提高软件开发效率的重要手段。首先拥有反映事物一般特性的类,然后在其基础上派生出反映特殊事物的类。如已有

的动物类,该类中描述了动物的普遍属性和行为,进一步再产生老虎类,老虎类是继承于动物类,老虎类不但拥有动物类的全部属性和行为,还增加老虎特有的属性和行为。

概念4:继承
- 提供从已存在的类创建新类的机制,继承使一个新类自动拥有被继承类的全部成员。
- 使类组成一个层次结构,子类继承父类的所有描述。子类可以与父类共享代码和数据。
- 继承性在父类和子类之间的继承原则:
  - 子类继承父类的成员变量;
  - 子类继承父类除构造方法以外的成员方法;
  - 子类可以重定义从父类继承来的成员,但不能删除它们;
  - 子类可以增加自己的成员,使类的功能得以扩充。

面向对象程序设计中的继承机制,大大增强了程序代码的可复用性,提高了软件的开发效率,降低了程序产生错误的可能性,也为程序的修改扩充提供了便利。继承的好处:有利于代码重用,简化编程,符合现实世界的情况。例如,需要设计学校的人事管理系统软件,那么系统中可能要管理"学生"、"教师",其他行政人员等,就要定义相应的各种类。例如,定义"学生"和"教师"。

```
Class Student{//没采用继承
    String name;
    int age;
    boolean sex;
    setName(){…}
    grow(){…}
    int num;//学号
    String major; //专业
}
Class Teacher{//没采用继承
    String name;
    int age;
    boolean sex;
    setName(){…}
    grow(){…}
    int num;//职工号
    String dep; //部门
}
```

会发现Student和Teacher这两个类有很多共同之处,例如,要定义的"学生"类有名字,年龄等,"教师"类中也有,而这些属性完全可以通过定义一个"人"类抽象出

"教师"和"学生"的共同特性。然后,让"教师"和"学生"类继承"人"这个类。例如

```
Class Person{
    String name;
    int age;
    boolean sex;
    setName(){…}
    grow(){…}
}
Class Student extends Person {//采用继承
    int num;//学号
    String major; //专业
}
Class Teacher extends Person {//采用继承
    int num;//职工号
    String dep; //部门
}
```

父类是"人",子类是"学生",人包括为主,所以"学生"这个类应该具有人的所有特性,所以人可以作为学生的父类被定义。这样有利于代码的重用,简化编程,并且也符合现实世界的情况,实现相关子类父类的连续。学生具有父类人的所有特征,也可以有自己的新特征,如专业,学号等。所以子类需要增加自己的成员。

在Java程序设计中,已有的类可以是Java开发环境所提供的一批最基本的程序——类库。用户开发的程序类是继承这些已有的类。这样,现在类所描述过的属性及行为,即已定义的变量和方法,在继承产生的类中完全可以使用。被继承的类称为父类或超类,而经继承产生的类称为子类或派生类。根据继承机制,派生类继承了超类的所有成员,并相应地增加了自己的一些新的成员。

3.3.1 声明子类继承父类

声明子类继承父类的格式:

[修饰符] class 类名 [extends 父类] [implements 接口列表]

具体的例子:

```
public class Student extends Person{    //采用继承
    int num;                             //学号
    String major;                        //专业
}
```

关键字 extends 用于实现继承关系,Java中父类只能写一个,即 Java 支持单重继承。下面给大家一个更完整的例子。

【例 3.7】 子类和父类继承关系例子。

程序如下：

```java
class Person{
    String name;                    //姓名
    int age;                        //年龄
    boolean sex;                    //性别
    public void setName(String n) {     //填写姓名
        name = n;
    }
    public void setAge(int a) {         //填写年龄
        age = a;
    }
    public void showMyself(){           //显示相关信息
        System.out.print("name = " + name + "   ");
        System.out.print("age = " + age + "   ");
        System.out.print("sex = " + sex + "   ");
        System.out.println();
    }
}
public class Student extends Person{
    //增加新的成员变量
    int num;//学号;
    String major;//专业;
    public void setInfo(int n,String m){    //增加新的成员方法
        num = n;
        major = m;
    }
    public void setInfoS(String a,int b,int n,String m){   //增加新的成员方法
        name = a;           //继承来的姓名
        age = b;            //继承来的年龄
        num = n;
        major = m;
    }
    public static void main(String args[]){
        Person p1 = new Person();
        p1.setName("王伟");
        p1.setAge(19);
        p1.showMyself();
        Student p2 = new Student();
        p2.setName("张明");         //调用从父类继承的方法
        p2.setAge(20);             //调用从父类继承的方法
```

```
        p2.setInfo(8010411,"计算机");//调用自己的方法
        p2.showMyself();            //调用从父类继承的方法
    }
}
```

3.3.2 继承的层次结构

若一个子类只允许继承一个父类,称为单重继承;若允许继承多个父类,称为多重继承。目前许多面向对象程序设计语言支持多继承,Java 支持单重继承。而 Java 语言通过接口(interface)的方式来弥补由于 Java 不支持多继承而带来的子类不能享用多个父类的成员的缺憾。

单重继承方式下,父类与子类是一对多的关系。一个子类只有一个直接父类,但一个父类可以有多个子类,每个子类又可以作为父类再有自己的子类。由此形成树形结构的类的层次体系。继承是实现软件可重用性的一种重要方式,继承增强了软件的可扩充能力,提高了软件的可维护性。例如,如果有一天人会飞了,直接修改父类,增加方法属性就可以了,子类就可以直接使用了,不必修改所有子类,程序的修改和维护变得简单,如图 3.5 所示。

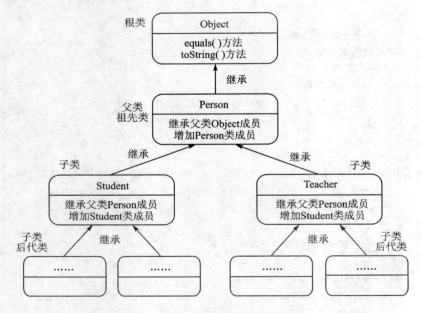

图 3.5 Java 的单重继承结构

Java 语言中的类具有树形结构的层次体系,Object 类是这个树形结构的根类。Java 中的类都是 Object 的子类,即使在定义时没有声明父类,Java 也会自动将类定义为 Object 的子类。因此每个对象都可以调用 Object 类的 equals()和 toString()方法。Object 类定义了对象的基本状态和行为,它没有成员变量。部分声明:

```
public class Object{
    public Object()
    public String toString()
    public boolean equals(Object obj)
}
```

用户定义的 Person 类,实际上是 public class Person extends Object。

3.3.3 继承中的 super 引用

super 主要的功能是完成子类调用父类中的内容,也就是调用父类中的属性或方法。super 不能像 this 一样单独使用,子类的成员方法中,可以使用 super 引用父类成员。其中,主要有两个用法:

① 调用父类的构造方法:super([参数列表])。
② 引用父类同名成员:调用被子类隐藏的父类成员变量 super.成员变量。
调用被子类覆盖的父类成员方法:super.成员方法([参数列表])。
本节先介绍 super 用于调用父类的构造方法,关于调用被子类覆盖的父类成员方法,即引用父类同名成员,将在多态时介绍。例子:

```
class A{
    int a = 1;
    int b = 2;
    public A(int a1,int b1){
        a = a1;
        b = b1;
    }
}
public class test1 extends A{
    int c = 0;
    public test1(int a1,int b1,int c1){
        super(a1,b1);//调用父类构造方法 A(int a1,int b1)
        c = c1;
    }
}
```

super 调用父类构造方法时,只能在子类定义构造方法时使用,并且应在方法的第一句,其他情况下不能使用。

3.3.4 继承的基本特性

前面提到了继承性在父类和子类之间的基本继承原则:
① 子类继承父类的成员变量;
② 子类继承父类除构造方法以外的成员方法;

③ 子类可以重定义从父类继承来的成员,但不能删除它们;
④ 子类可以增加自己的成员,使类的功能得以扩充。

接下来就从这些基本原则出发,介绍继承关系在子类和父类之间所产生的影响,从而深入地理解继承的特性。此外,这些原则也影响了子类和父类之间的多态特性,将在3.4节进行介绍。

1. 子类继承父类的成员变量

子类对父类变量的继承。子类继承父类的成员变量,包括实例成员变量和类成员变量。

【例3.8】子类对父类变量的继承。

```
class A{
    int a = 1;
    static int b = 2;
}
public class E extends A{
    int c = 1;
    void print(){
        System.out.println("成员变量 a = " + a);
        System.out.println("成员变量 b = " + b);
        System.out.println("成员变量 c = " + c);
    }
    public static void main(String args[]){
        E p1 = new E();
        p1.a = 10;
        p1.b = 20;
        p1.c = 30;
        E.b = 40;
        p1.print();
    }
}
```

程序运行结果:

成员变量 a = 10
成员变量 b = 40
成员变量 c = 30

从运行结果可以看到子类对象 p1 中有成员变量 a,b,c。a 和 b 是从父类中继承来的。

【例3.9】子类继承父类的成员变量,子类和父类在内存中各自有各自的变量版本。

程序如下:

```
class A{
    int a = 1;
}
public class test4 extends A{
    public void jia(){
        this.a + + ;
    }
    public static void main(String args[]){
        A aa = new A();
        aa.a = 10;
        test4 bb = new test4();
        bb.a = 20;
        System.out.println(aa.a);
        System.out.println(bb.a);
        bb.jia();
        System.out.println(aa.a);
        System.out.println(bb.a);
    }
}
```

运行结果：

10
20
10
21

从运行结果可以看到，子类继承父类的实例成员变量，子类和父类的对象实例在内存中各自有各自的实例变量空间，他们之间没有任何联系。子类对象的 a 加 1 后，父类对象的 a 没有变化。

【例 3.10】第三个例子，父类 static int count，被子类共享。内存中是一个单元。程序如下：

```
class A{
    static int count = 1;
}
public class test10 extends A{
    public void countjia(){
        this.count + + ;
    }
    public static void main(String args[]){
        System.out.println("父类的 count 值" + A.count);
        System.out.println("子类的 count 值" + test10.count);
```

```
        A aa = new A();
        test10 bb = new test10();
        bb.countjia();//子类的 count 值进行操作
        System.out.println("父类的 count 值" + A.count);
        System.out.println("子类的 count 值" + test10.count);
    }
}
```

运行结果：

父类的 count 值 1
子类的 count 值 1
父类的 count 值 2
子类的 count 值 2

从运行结果可以看到，子类继承父类的静态成员变量，父类和子类共享一个内存空间。子类对象的 count 加 1 后，父类对象的 count 也有变化。

【例 3.11】子类能继承父类的 private 变量，只是子类无法直接访问它。

```
class A{
    private int a = 1;
    public void set(int s){
        a = s;
    }
    public int geta(){
     return this.a;
    }
}
public class test2 extends A{
    public static void main(String args[]){
        test2 aa = new test2();
        System.out.print(aa.a);
        //在子类中有 a，并且可以通过定义可用的方法给 a 赋值和读取 a
        aa.set(10);
        System.out.print(aa.geta());
    }
}
```

此程序在编译时，会显示错误：test2.java:20:, a 可以在 A 中访问 private System.out.print(aa.a);

很显然，子类中不能直接访问私有成员 a，当把这句代码注释之后程序可以正确运行，从结果可以知道，子类对象 aa 中是有成员变量 a 的，此成员变量就是从父类继承来的。所以子类继承父类的 private 成员，但不可直接访问。

2. 子类不能继承父类的构造方法

子类不能继承父类的构造方法,构造方法的名字要与类名相同,所以子类要有自己的构造方法。父类构造方法创建的是父类对象,子类必须声明自己的构造方法,创建子类自己的对象。

【例3.12】子类不能继承父类的构造方法。

```
class G{
    int a = 1;
    int b = 2;
    public G(int a1,int b1){//构造方法
        a = a1;
        b = b1;
    }
}
public class test11 extends G{
    public static void main(String args[]){
        test11 tt = new test11(11,12);
    }
}
```

此程序编译出现以下错误:

test11.java:10:找不到符号

符号:构造函数 G()

位置:类 G

public class test11 extends G{

test11.java:13:找不到符号

符号:构造函数 test11(int,int)

位置:类 test11

   test11 tt = new test11(11,12);

2 错误

看到以上错误,对于第二个错误或许可以理解,因为子类不能继承父类的构造方法,所以出错。但对第一个错误一定很疑惑,编译系统为什么要找父类的无参数构造方法呢?下面就从子类和父类构造方法之间的关系为大家解释:在子类的构造方法中必须首先调用父类的构造方法,无论是显式的用 super 调用,还是隐藏式的调用父类默认的构造方法。看下面这个例子来进一步理解。

【例3.13】父类定义构造方法后,对子类的影响。

程序如下:

```
class A{
```

67

```
    int a = 1;
    int b = 2;
    public A(int a1,int b1){//构造方法
        a = a1;
        b = b1;
    }
}

public class test1 extends A{//第 11 行,错误在这里报告
    public static void main(String args[]){
        test1 tt = new test1();
    }
}
```

此程序编译出现以下错误:

test1.java:11:找不到符号
符号：构造函数 A()
位置：类 A
public class test1 extends A{
              ^
1 错误

当父类定义了构造方法后,子类没有定义构造方法,子类的默认构造方法也不能使用了,因为在子类的默认构造方法中,需要调用父类的默认构造方法,而父类一旦定义了构造方法,父类默认的构造方法就没有了,所以子类不能使用自己的默认构造方法。

【例 3.14】对于子类中构造方法定义的例子。

程序如下:

```
class A{
    int a = 1;
    int b = 2;
    //public A(){}//此句代码注释,或不注释,会出现不同的编译运行结果
    public A(int a1,int b1){
        a = a1;
        b = b1;
    }
}

public class test1 extends A{
    public test1(int a1, int b1){
        a = a1;
```

```
            b = b1;
        }
        public test1(int a1){
            super(a1,0);
        }
        public test1(){
            this(50);
        }
        public static void main(String args[]){
           A aa = new A(11,12);
           test1 tt = new test1(5,6);
           System.out.println(aa.a);
           System.out.println(tt.a);
        }

}
```

当 public A(){}注释时,编译结果:

test1.java:16:找不到符号
符号：构造函数 A()
位置：类 A
   {
    ^
1 错误

当 public A(){}无注释时,编译和运行正确。

如果父类中定义了构造方法,子类必须定义构造方法并且在构造方法中必须首先调用父类的构造方法。其实子类可以有默认的构造方法,只是在子类的默认构造方法中要调用父类的无参数的构造方法,当父类定义了构造方法,父类中默认的无参数的构造方法就不存在了,所以使得子类的默认构造方法也不能有了。所以如果父类中定义了无参数的构造方法,子类中可以不定义构造方法。构造方法中必须先调用父类的构造方法也是由于 public A()方法不存在才有的问题,如果有则在子类中不写 super(),系统会自动调用 public A(),所以以上这一条完全依赖于 public A()是否存在。

所以说:当父类中存在 public A() 方法时,子类定义不定义构造方法,在定义构造方法时用不用 super()也都可,如果没定义或没用 super 系统都会自动调用父类的 public A() ;但当父类中不存在 public A() 方法时,子类不定义构造方法,或在定义构造方法时不用 super(),是不行的,因为系统无法定义默认的方法。

由此可以获得结论:
① 如果父类中没有无参数构造方法,子类必须定义构造方法并且在构造方法中

必须先调用父类的构造方法。子类调用父类的构造方法 super([参数列表])。

② 如果父类中有无参数构造方法,则对子类的构造方法定义没有任何要求。因为系统会自动调用父类无参数构造方法,实现子类无参数构造方法以及子类构造方法定义中的 super 调用。

3. 子类继承父类的成员方法,包括实例成员方法和静态成员方法

子类可以继承父类的成员方法,接下来通过几个程序例子来学习成员方法被继承后的特性。

【例 3.15】子类继承父类的成员方法,包括实例成员方法和类成员方法

程序如下:

```
class A{
    void print(){
        System.out.println("父类实例方法 print 输出");
    }
    static void show(){
        System.out.println("父类类方法 show 输出");
    }
}
public class F extends A{
    public static void main(String args[]){
        F p1 = new F();
        p1.print();
        p1.show();
        F.show();
    }
}
```

运行结果:

父类实例方法 print 输出
父类类方法 show 输出
父类类方法 show 输出

4. 子类可以增加自己的成员变量和成员方法,重新定义从父类继承来的成员(重载和覆盖),但不能删除他们

子类可以继承父类的成员,也可以增加自己的成员,如【例 3.16】中,增加了学号 int num,专业 String major;可以重新定义从父类继承来的方法,如【例 3.16】中,重新定义了 showMyself()。

【例 3.16】重定义从父类继承来的成员方法。

程序如下:

```
class Person{
```

```java
        String name;              //姓名
        int age;                  //年龄
        public void setInfo(String n){  //重载
            name = n;
        }
        public void setInfo(String n,int a) {   //重载
            name = n;
            age = a;
        }
        public void showMyself(){         //显示相关信息
            System.out.print("name = " + name + "   ");
            System.out.print("age = " + age + "   ");
            System.out.println();
        }
}
public class Student extends Person{
    int num;//学号;
    String major;//专业;
    public void setInfo(String n,int a,int k,String m) {   //重载
        name = n;
        age = a;
        num = k;
        major = m;
    }
    public void showMyself(){         //覆盖,显示相关信息
        System.out.print("name = " + name + "   ");
        System.out.print("age = " + age + "   ");
        System.out.print("num = " + num + "   ");
        System.out.print("major = " + major + "   ");
    System.out.println();
    }
    public static void main(String args[]){   //main方法也是类成员方法
        Person p1 = new Person();
        p1.setInfo("王伟");
        p1.setInfo("王伟",19);
        p1.showMyself();
        Student p2 = new Student();
        p2.setInfo("张明");
        p2.setInfo("张明",20);
        p2.setInfo("张明",20,100,"计算机");
        p2.showMyself();
    }
```

}

运行结果:

name = 王伟   age = 19
name = 张明   age = 20   num = 100   major = 计算机

从运行结果可以看出,子类和父类各种调用自己所有的方法,当调用 showMyself()方法时,父类和子类对象实现了不同的功能内容。在此程序中,子类有两个 showMyself()方法,一个自己定义的,一个是从父类继承来的,只是从父类继承来的 showMyself()方法,被自己定义的 showMyself()方法覆盖了,看不到了,可以通过 Super.showMyself()来调用被覆盖的那个方法。

这里需要说明一下,程序执行时寻找匹配的方法执行的原则是:从对象所属的类开始,寻找匹配的方法执行;如果当前类中没有匹配方法,则逐层向上依次在父类或祖先类寻找匹配方法直到 Object 类。

3.4 类的多态性

多态是面向对象程序设计的又一个重要特征。多态是允许程序中出现重名现象。多态的特性使程序的抽象程度和简捷程度更高,有助于程序设计人员对程序的分组协同开发。

概念 5:多态
- "一种定义,多种实现"。多个类中方法共用一个方法名,每个类都按各自需要实现这个方法,系统根据方法的参数或调用方法的对象自动选择一个方法执行。一个变量名可以指向不同的对象实例,程序运行时根据具体指向的实例实现不同的调用内容。
- 主要有方法多态和类型多态。方法多态表现方式各重载和覆盖;类型多态表现为子类是一种父类类型,即父类变量可以引用父类实例和子类实例。

3.4.1 类的类型多态

类型多态的重要特性:子类对象即是父类对象,父类对象不是他的子类的对象。即父类对象能够被赋值为子类对象,反之则不行。如,学生是人,但人不一定都是学生。举例说明:

```
Person p = new Person();
Student s = new Student();
p = s;
```

其中,p 称为"对象变量";p 中引用的实例称为"对象实例";对于 p 来说,p 对象变量的数据类型是 Person,p 对象实例的数据类型是 Student。

例:某个类中有方法 public int olderThen(Person p){…}

Person p = new Person();
Student s = new Student();
Teacher t = new Teacher();

其中,Person 为 Student 和 Teacher 的父类。那么在 d.olderThen(×);这个方法中以上哪个可做参数? 答:p,s,t 都可以做为参数。因为在方法 olderThen(Person p)中要求参数是一个 Person,而 Person p,Student s,Teacher t 都是人 Person。此时 Student 和 Teacher 都是 Person 的子类。

在出现类型多态时,需要注意当父类变量引用子类实例时,父类变量不能调用子类新增的成员,否则编译会出错。这种特性在后续讲到的接口的类型多态时也会出现。

【例 3.17】当父类变量引用子类实例时,父类变量不能调用子类新增的成员。
程序如下:

```
class A{
    int a = 1;
    void print(){System.out.print("父类方法\n");}
}
public class test13 extends A{
    int b = 2;
    void Info(){System.out.print("子类方法\n");}
    public static void main(String args[]){
        A aa = new A();//父类
        aa.print();
        System.out.println(aa.a);
        test13 tt = new test13();//子类
        tt.print();
        tt.Info();
        System.out.println(tt.a);
        System.out.println(tt.b);
        aa = tt;//父类对象变量 = 子类对象实例
        aa.print();
        aa.Info();
        System.out.println(aa.a);
        System.out.println(aa.b);
    }
}
```

编译结果:

test13.java:25:找不到符号

```
符号：方法 Info()
位置：类 A
       aa.Info();
           ^
test13.java:27:找不到符号
符号：变量 b
位置：类 A
         System.out.println(aa.b);
                               ^
```

2 错误

3.4.2 类的方法多态

在面向对象程序设计中,方法的多态体现在类层次中各个级别,即在各处都可以看到方法名相同但实现内容不同的方法设计,其中方法多态主要以以下方式体现。

重载:同一个类内或父类与子类之间具有相同含义的多个方法;
覆盖:父类与子类之间具有相同含义的多个方法;
抽象类:不同子类之间具有相同含义的多个方法;
接口:不同类之间具有相同含义的多个方法。

本章主要讲重载和覆盖这两种方法多态,关于抽象类和接口中的方法多态将在讲到相关内容时进行介绍。重载(overload)是指类中多个方法同名但参数列表不同;覆盖(override)是指子类声明并实现父类中的同名方法并且参数列表也完全相同。

重载例子:Math 类中 abs()方法有 4 种:

```
int    abs(int a)
long   abs(long a)
float  abs(float a)
double abs(double a)
```

Print 有多种不同参数的方法:

```
public void print(boolean b)
public void print(char c)
public void print(int i)
public void print(long l)
public void print(float f)
```

程序运行时,究竟执行重载同名方法中的哪一个,取决于调用该方法的实际参数的个数、数据类型和次序;成员方法重载:重载的多个成员方法之间必须通过参数列表相区别。参数列表必须不同,返回值可以相同,也可以不同,即不能以不同的返回值来区别重载的方法。

覆盖例子：可以用新的实现过程取代原先的实现过程，或者为原有的功能添加新的功能，而方法名不变。

```
class Person{
    void showInfo(){
        system.out.print("name:" + name);
        system.out.print("age:" + age);
    }
}
class Student extends Person{
    void showInfo(){
        system.out.print("name:" + name);
        system.out.print("age:" + age);
        system.out.print("num:" + num);
        system.out.print("major:" + major);
    }
}
```

为什么多态？对于同样的接口，不同类可以实现不同的表达。便于程序维护和可读。例如，一个人要成长，大家统一规定用一个接口 grow() 表示成长，简单直接，但对于一般的人成长只是年龄增加，而学生的成长除了年龄增加，年级也要增加，所以大家都想用 grow()，但不同的对象实现的功能内容可能有所不同，所以需要覆盖，使得不同的类可以定义自己的 grow() 功能，而相互不会影响。又例如，定义加法的方法时，希望用 add() 这个名字，但加法可以实现整型之间的加，又希望可以实现浮点型之间的加，那么怎么定义呢，很显然要定义两个同名的方法 add() 只是参数列表不同就可以了，这就是重载。最终目的就是：统一的方法声明，不同的实现内容。统一的方法声明便于程序理解和维护，不同的实现内容符合程序功能要求。例子：

```
Class 运算{///重载
    int add(int a,int b){}
    float add(float a,float b){}
}
Class Person{
    String name;
    int age;
    blooean sex;
    void setName(){…….}
    void gorw(){age+ + ;}
}
Class Student extends Person{///采用了继承
    int 学号；
    String 专业；
```

```
    int 年级;
    void gorw(){age++;年级++;}//覆盖
}
```

从使用者的角度看,方法的多态性使类及其子类具有统一的风格,不但同一个类在具有相同含义的多个方法之间共用同一个方法名,而且父类与子类之间具有相同含义的多个方法之间也可以共用一个方法名。从设计者角度看,类的继承性和方法的多态性使类更易于扩充功能,同时增强了软件的可维护性。

3.4.3 多态的基本特性

由于多态常常出现于父类和子类之间,因此在整个程序的类之间的结构关系中,多态会产生很多独特的特性,接下来就一一为大家介绍。

1. 子类重定义父类的成员变量,则隐藏父类的成员变量

在父类中定义一个成员变量,如果在子类中同样定义一个同名的成员变量,在子类中就会有两个同名的成员变量。一个可以直接使用,一个会被隐藏。

【例 3.18】类成员变量被覆盖时。

程序如下:

```java
class A{
    static int count = 1;
}
public class test6 extends A{
    static int count = 2;   //覆盖父类的count;
    public void countjia(){
        this.count++;
    }
    public static void main(String args[]){
        System.out.println("A.count 值" + A.count);
        System.out.println("test6.count 值" + test6.count);
        A aa = new A();
        test6 bb = new test6();
        bb.countjia();
        System.out.println("A.count 值" + A.count);
        System.out.println("test6.count 值" + test6.count);
        aa = bb;
        System.out.println("aa.count 值" + aa.count);
        System.out.println("bb.count 值" + bb.count);
    }
}
```

覆盖父类的 count 时运行结果:

父类的 count 值 1
子类的 count 值 2
父类的 count 值 1
子类的 count 值 3
父类的 count 值 1
子类的 count 值 3

程序说明：A.count 和 test6.count 都各自显示本类的 count 值；方法调用 bb.countjia();执行的结果是使得子类的 count 值加 1,所以再次显示 A.count 和 test6.count 时,test6.count 的值增加了 1。当将子类实例赋值给父类对象 aa＝bb 时,aa.count 显示的仍就是父类的 count 值。此外,子类有两个 count,一个是自己定义的,一个是从父类继承来的,或者说与父类共享的,因为 count 是静态变量。如果想要使用从父类继承来的被隐藏的变量 count,可以用 super 调用隐藏变量,在子类中加入以下方法：

```
public void superCount(){
    System.out.println("父类 count 值" + super.count);
}
```

在 main 方法中加入语句：System.out.println("父类 count 值"＋super.count);就不可以了,因为 main 方法中不可以使用 super,但可以调用方法 superCount()运行。

【例 3.19】 实例变量被覆盖时。

程序如下：

```
class A{
    int a;
    public A(int a1){a = a1;}
}
public class test7 extends A{
    int a;
    public test7(int a1){
        super(100);
        a = a1;
    }
    public static void main(String args[]){
        A aa = new A(1);
        test7 tt = new test7(3);
        System.out.println(aa.a);
        System.out.println(tt.a);
        aa = tt;
        System.out.println(aa.a);
```

}
        }

运行结果：

1
3
100

从运行结果可以看出 System.out.println(aa.a);显示父类对象的 a 值,与子类毫无关系。System.out.println(tt.a);显示子类自己定义的 a 值,而当 aa=tt;时,System.out.println(aa.a);显示的是子类对象中从父类继承来的那个 a 的值。所以子类中其实有两个 a,正常调用都会显示子类定义的那个,而从父类继承来的那个被隐藏了起来。

以上例子证明:当子类覆盖父类的成员变量时,子类有了两个同名的成员变量,自己的成员变量和从父类继承的成员变量;在子类中被隐藏的父类成员变量可通过 super.变量名 调用。程序运行时,根据调用成员变量的对象变量的数据类型确定调用子类自定义的成员变量还是继承自父类的成员变量。

2. 子类覆盖父类成员方法

子类可以定义和父类方法同名的方法,从而实现方法覆盖,前面的例子中曾经介绍过。这里简单回顾一下。

【例 3.20】类成员方法被覆盖时。

程序如下：

```
class A{
    public static void print(){
        System.out.println("父类的类方法");
    }
}
public class test3 extends A{
    public static void print() {
        System.out.println("子类的类方法");
    }
    public static void main(String args[]){
        A.print();
        test3.print();
        A aa = new A();
        test3 bb = new test3();
        aa.print();
        bb.print();
        aa = bb;
        aa.print();
```

}
}

覆盖父类的 print()时运行结果：

父类方法
子类方法
父类方法
子类方法
父类方法

例子证明：当子类中覆盖了父类的类成员方法，在程序运行时，根据调用类成员方法的对象变量的数据类型确定调用子类自定义的类成员方法还是继承自父类的类成员方法。在子类中被覆盖的父类成员方法可通过 super.方法名调用。

【例 3.21】实例方法被覆盖和重载时。

程序如下：

```
class A{
    public void fize(){
        System.out.println("父类方法");
    }
}
public class test8 extends A{
    public void fize(){
        System.out.println("子类方法");
    }
    void fize(int a){
        System.out.println("子类带参数方法");
    }
    public static void main(String args[]){
        A aa = new A();
        test8 tt = new test8();
        aa.fize();
        tt.fize();
        tt.fize(10);
        aa = tt;
        aa.fize();//有错吗？会输出什么
        aa.fize(10);//有错吗？会输出什么
    }
}
```

编译结果：

test8.java:23:错误:无法将类 A 中的方法 fize 应用到给定类型；

```
            aa.fize(10);//有错吗？会输出什么
```

  需要：没有参数
  找到：int
  原因：实际参数列表和形式参数列表长度不同
1 个错误

因为编译器,会根据调用 fize(10)的对象是 aa,aa 的数据类型是 A,在 A 中找有没有 fize(10)方法,发现没有此方法,因此编译出错。

将此句注释后,运行结果：

父类方法
子类方法
子类带参数方法
子类方法

例子证明：当子类中覆盖了父类的实例成员方法时,程序运行时,根据调用该方法的对象实例的数据类型确定调用子类自定义的实例成员方法还是继承自父类的实例成员方法。子类覆盖父类成员方法时,定义的访问权限,不能小于父类中该成员方法定义的访问权限。注意：子类中 public void fize()的 public,如果去掉会出错。

3．子类重载父类成员方法

程序运行时,究竟执行重载同名方法中的哪一个,取决于调用该方法的实际参数的个数、参数的数据类型和参数的次序。子类可以重载父类方法,前面的例子中曾经介绍过,此处不再累述。

3.4.4 多态中的 super 引用

Super 引用的使用方法主要有两种。
① 调用父类的构造方法：super([参数列表])。
② 引用父类同名成员:调用被子类隐藏的父类成员变量 super.成员变量;调用被子类覆盖的父类成员方法 super.成员方法([参数列表])。

前面介绍了 Super 引用两种用法的其中一种,接下来将介绍 super 在多态中的使用。

【例 3.22】关于 super 的使用,请读者分析程序是否有错,以及各项输出应该输出什么数值。

程序如下：

```
class A{
    int a = 1;
    int b = 2;
    public A(int s1,int s2){
```

```
        a = s1;
        b = s2;
    }
    void print(){
        System.out.println("父类 print 方法输出");
        System.out.println("实例成员变量 a = " + a);
        System.out.println("实例成员变量 b = " + b);
    }
}
public class D extends A{
    int c = 1;
    int b = 0;
    public D(int s1,int s2,int s3,int s4){
        super(s1,s2);//调用父类构造方法
        c = s3;
        b = s4;
    }
    void print(){
        System.out.println("子类 print 方法输出");
        System.out.println("实例成员变量 a = " + a);
        System.out.println("实例成员变量 b = " + super.b);
        System.out.println("实例成员变量 c = " + c);
        System.out.println("实例成员变量 b = " + b);
    }
    void show(){
        super.print();//此方法显示的 b 值是?
    }
    public static void main(String args[]){
        D p1 = new D(10,20,30,40);
        p1.print();
        super.print();
        p1.show();
    }
}
```

编译结果:

D.java:42:无法从静态上下文中引用非静态 变量 super
        super.print();
        ^

1 错误

注释以上错误后,运行结果:

子类 print 方法输出

实例成员变量 a = 10

实例成员变量 b = 20

实例成员变量 c = 30

实例成员变量 b = 40

父类 print 方法输出

实例成员变量 a = 10

实例成员变量 b = 20

从本例中可以看到,在子类和父类中都定义了成员变量 b,以及成员方法 print(),那么由于子类会继承父类中的 b,因此子类中就有两个成员变量 b。其中,从父类那里继承来的 b,称为被隐藏的 b,因为在子类中如果使用 b 的话默认都是子类自己定义的那个 b,而从父类继承来的 b 如果要想访问,必须通过 Super.b 来访问。子类中的两个 print()方法也是同理,要想调用从父类继承来的 print(),就要加上 Super。编译中,super.print();出错是因为,main 方法是静态方法,不可以使用 super。

3.5 类的抽象性

当定义一个类时,除了声明类的访问权限(封装特性)之外,有时还需要声明类的继承特性,即声明一个类是否为抽象类或最终类,使用 abstract 修饰符声明抽象类,使用 final 修饰符声明最终类。抽象类必须被继承,在子类中实现抽象方法后才能使用,而最终类是不能被继承的了。

3.5.1 抽象类

对象表示的是现实世界的实体,那么抽象的概念可以不可以表示,现在就介绍表达抽象概念的方法:抽象类。定义的抽象类表达的就是抽象概念,但抽象类不能实例化,即其不能形成对象,现实世界的抽象概念也是没有实体的。学习面向对象以来,处处可见面向对象对整个现实世界的表达,面向对象程序设计思想能将现实世界表达的很好很贴切。

1. 抽象类:用于描述抽象的概念,更高层次的概括

① 使用 abstract 声明的类称为抽象类。

② 使用 abstract 声明的方法称为抽象方法,其没有方法体。

```
public abstract class PlaneGraphics { //平面图形类,抽象类
    public abstract double area();  //计算面积,抽象方法,分号";"必不可少
}
```

③ 使用抽象类需要定义其子类。

④ 使用抽象方法必须在子类中实现抽象方法的方法体。

```
public class Ellipse extends PlaneGraphics {     // Ellipse抽象类的子类
    public double area(){…代码…}    //必须实现父类中的抽象方法
}
```

以前提到过希望求面积的方法都定义为相同的名字,便于程序的可读性和管理控制,不过要求所有求面积的方法都称作 area(),是约定不具有强制性,很有可能不被遵守。当定义为抽象方法时,就是强制性的了,子类中必须实现名字为 area()的方法,这样更加强了软件设计和实现过程中的过程控制。

2. 抽象类和抽象方法的特点

抽象方法只有方法声明,没有方法体。任何包含抽象方法的类必须声明为抽象类。抽象类不能直接被实例化。抽象类的子类必须实现超类中的所有抽象方法,否则必须将自己也声明为抽象的。可以将一个不包含抽象方法的类声明为抽象类,避免由这个类产生任何的对象。构造方法、静态方法、私有方法、final 方法不能被声明为抽象的方法。

因为构造方法、final 方法都是不能继承的,所以在子类中不能对其进行覆盖实现。静态方法是可以用类名访问的,当用类名访问了一个抽象的静态方法,将无法执行。私有方法是只在本类中可使用的,子类中无法进行访问。所以它们不能是抽象的。

3. 抽象类与抽象方法的作用

抽象类声明的抽象方法约定了多个子类共同的方法声明,每个子类可以根据自身的实际情况,给出抽象方法的具体实现,不同的子类可以有不同的方法实现。因此,一个抽象方法在多个子类中表现出多态性。抽象类提供了方法声明和方法实现相分离的机制,使得多个不同的子类对象能够表现出共同的行为能力。

抽象类用于描述抽象的概念,更高层次的概括。当定义一个类它想描述图形,但在定义的过程中发现,它无法将计算面积的方法进行实现,因为不同图形计算面积的方法不同,因此它只能定义一个抽象方法来进行概括。要描述抽象概念时,发现属性可以用变量表示了,但功能行为无法用具体的方法代码表示,所以才出现了抽象方法。

例如,求图形的位置、尺寸、颜色等属性?可以定义变量但先不赋值。执行图形的绘制、缩放、旋转、计算面积等功能?可以先定义方法声明,但这些方法没有代码实现。因为,具体功能实现要根据具体图形才能确定。

图形只是一个抽象概念,图形概念中约定所有图形共同具有的属性和功能。因此需要定义图形类便于描述和扩展,而且可以统一风格,但是没办法编写具体的方法实现内容。只有方法声明没有方法内容,具体内容到子类中写。

那为什么不让子类自行添加自己的行为,而父类不写呢?例如:Person 类中,人人都可以说话,要定义说话的方法,但发现美国人说英语,中国人说汉语,这个说话的行为,无法具体定义。这时就可以定义抽象的"说话"方法,根据具体的子类来具体实现。如果 Person 中不定义,让子类自己决定是否添加这个行为,则不能表明人人可说话的意思了。子类自行添加行为,表示子类特有的行为,不是人人都有的。因此 Person 中必须定义,这个说话抽象方法,强迫所有子类都有这个行为。当定义人的子类,就必须实现这个行为,这是强制性的。而且子类自行定义,有可能定义的千奇百怪,不便于使用者理解其功能和意义。

那么采用父类中定义空方法子类覆盖而不采用抽象方法不也可以吗?在父类中定义空方法,也不行,因为不覆盖也不会被发现。如果定义为抽象方法,则在子类中必须被实现,否则编译无法通过。

程序设计师是统领全局的,权利要比编代码的程序员大,来统一定义类,类方法的声明。代码具体实现就由程序员完成就好。这样设计者可以强制要求编代码的按要求工作,保证了程序设计的正确安全,以及大型软件开发过程的可控性。

抽象方法的必要性:采用覆盖方式实现多态,不是强制性的,一个方法不被覆盖也可以。定义为抽象方法后,在编译时会自动检查子类是否实现了抽象方法。当需要强制父类中某个方法必须被覆盖应定义为抽象方法。这便于程序设计者先进行总体规划,然后具体细化。

【例 3.23】闭合图形抽象类及其子类的定义。

程序如下:

```java
public abstract class ClosedFigure{          //闭合图形抽象类
    protected String shape;                   //形状
    protected ClosedFigure(String shape) {    //构造方法,不能是抽象方法
        this.shape = shape;
    }
    public abstract double area();            //计算面积,抽象方法,以分号";"结束
    public abstract double perimeter();       //计算周长,抽象方法
    public void print(){                      //显示形状、属性、周长及面积
        System.out.println("一个" + this.shape + ",周长为" + this.perimeter() + ",面积为" + this.area());
    }
}
class Ellipse extends ClosedFigure {          //椭圆类
    protected double radius_a;                //a 轴半径
    protected double radius_b;                //b 轴半径
    public Ellipse(double radius_a, double radius_b) {//构造方法
        super("椭圆");
        this.radius_a = radius_a;
        this.radius_b = radius_b;
    }
    public double area(){                     //计算椭圆面积,覆盖父类的抽象方法
        return Math.PI * this.radius_a * this.radius_b;
```

```
        }
        public double perimeter(){         //计算椭圆周长,覆盖父类的抽象方法
            return Math.PI * (this.radius_a + this.radius_b);
        }
    }
    class Rectangle extends ClosedFigure {        //矩形类
        protected double length;                  //长度
        protected double width;                   //宽度
        public Rectangle(double length, double width) {//构造方法
            super("矩形");
            this.length = length;
            this.width = width;
        }
        public double area(){              //计算矩形面积,实现父类的抽象方法
            return this.width * this.length;
        }
        public double perimeter(){         //计算矩形周长,实现父类的抽象方法
            return (this.width + this.length) * 2;
        }
    }
    class ClosedFigure_ex {
        public static void main(String args[]){   //抽象类中可以包含main()方法
            ClosedFigure g = new Ellipse(10,20);     //g引用椭圆对象
            g.print();                                //显示椭圆属性
            g = new Rectangle(10,20);                 //g引用矩形对象
            g.print();                                //显示矩形属性

        }
    }
```

程序运行结果如下:

一个椭圆,周长为 94.24777960769379,面积为 628.3185307179587
一个矩形,周长为 60.0,面积为 200.0

从程序结果可以看出,对于同样的程序调用 g.print(),根据 g 的对象实例的不同显示了不同的功能内容,这体现了多态。

3.5.2 最终类

最终类通常是一些有固定作用、完成某种标准功能的类,不能被继承以达到防止修改的目的。最终方法固定了方法对应的具体操作,防止子类对父类的关键方法错误重写,增加代码的安全性和正确性。

① 最终类是指不能被继承的类。
② 最终方法不能被子类覆盖的方法。
③ 抽象类不能被声明为最终类。

声明最终类：

public final class Math extends Object//数学类,最终类

利用关键子 final 定义最终类。

声明最终方法：

```
public class Circle extends Graphics{
    public final double area(){ //最终方法,不能被子类覆盖
        return Math.PI * this.radius * this.radius;
    }
}
```

为了确保某个函数的行为在继承过程中保持不变,并且不能被覆盖,可以使用 final 方法。为了效率上的考虑,将方法声明为 final,让编译器对此方法的调用进行优化。要注意的是：编译器会自行对 final 方法进行判断,并决定是否进行优化。通常在方法的体积很小,但不希望它被覆盖时,才将它声明为 final。

第 4 章 接口和包

这一章主要讲两个内容，一个是接口，另一个就是包。前面多次提过 Java 只支持单重继承，但是由于多重继承也很有用，并且在现实世界也有这种语义关系存在，所以 Java 也应该可以表达多重继承这种语义。Java 利用接口这个概念来支持多重继承，同时避免由此产生的复杂与不安全。那么接口是什么呢？接口在编程时所体现的作用是什么呢？

4.1 接 口

接口在编程时，对于现实世界的实际意义是什么呢？例如，有一些素不相识的人都加入了一个健身俱乐部，包括老师、学生、工人、农民、医生等，这使得他们之间有了联系，有了共同的属性，例如，都有会员卡，都可以在俱乐部中作一些允许的活动。很显然如果将这些特性编写到父类 Person 中是不合理的，那么如何表达实现呢？就用接口来定义，本来无关联的类现在由接口将他们联系到了一起。

4.1.1 接口与实现接口的类

概念：接口是一组常量和抽象方法的集合。
- 约定多个类共同使用的常量和抽象方法。
- 抽象方法的具体实现由实现接口的类完成，实现接口的类必须覆盖接口中的所有抽象方法。
- 接口是一种引用数据类型。

接口的概念和实现接口的类，它们都是很抽象的，不易理解，那么它们到底如何使用呢？接下来看接口的具体定义的例子。

1. 声明接口

[public] interface 接口 [extends 父接口列表]{

　　[public][static][final]数据类型 成员变量 = 常量值；
　　[public][abstract]返回值类型 成员方法[(参数列表)]；
}

接口与一般类一样，可通过扩展的技术派生出新的接口。原来的接口称为父接口，派生出的接口称为子接口。通过这种机制，子接口可以保留父接口的成员，同时也可加入新的成员以满足实际的需要。接口具有继承性，一个接口允许继承多个已存在的父接口。同样的，接口的扩展（或继承）也是通过关键字 extends 来实现的。

在定义类时 extends 后只能有一个类名,而定义接口时,可以继承多个接口。下面看一个接口的具体定义,例如:

```
public interfaceSportClub{  //运动俱乐部接口
    public static final int a = 10200;  //常量,编号
    public abstractvoid recharge (int a);  //充值
}
```

接口与一般类一样,本身也具有数据成员与方法,但数据成员一定要赋初值,且此值将不能再更改,即接口中的数据成员都是常量,方法也必须是"抽象方法"。当定义 int a 系统会发现它是在接口中定义的,系统就会默认其是常量,就会要求给它赋值,也就是说不管定义时是否写了常量的关键字 final,系统都认为其是常量。对于抽象方法也是一样的即使不写 abstract 系统也会认为是抽象方法,因为它定义在接口中。即,接口中的抽象方法声明的关键字 abstract 是可以省略的,声明数据成员的关键字 final 也可省略。

既然接口里只有抽象方法,它只要声明而不用定义处理内容,所以不能像一般类一样,用它来创建对象。要想使用接口,就要定义实现接口的类,在利用接口创建新类的过程,称之为接口的实现(implementation)。每一个实现接口的类必须在类内部重写接口中的抽象方法,且可自由地使用接口中的常量。

2. 声明实现接口的类

[修饰符] class 类 [extends 父类][implements 接口列表]

例如:实现接口的类

```
public classStudent implements SportClub{
        publicvoid recharge (int a){  //充值会费
            …
        }
        public void print(){…代码…}
}
```

一个类可以实现多个接口。实现接口的类必须实现所有接口中的抽象方法,如果只实现一部分,那么这个类必须声明为抽象类,因为其中有抽象方法在类中存在,那么包含抽象方法的类必须定义为抽象类。

一个接口通常约定某个性质,或做某件事;一个类声明实现一个或多个接口说明该类具有这些接口约定的性质和功能。

一个人可以参加多个俱乐部,每个俱乐部的特性都具有,所以可以实现多个接口,从而实现多重继承。老师和学生都加入俱乐部,俱乐部有的属性和行为,如会员号,各种运行行为等。老师和学生类只要实现了此俱乐部接口就可以了。而俱乐部这些属性和行为放入 Person 这个类中肯定是不合适的。

【例 4.1】定义一个动物行为接口 Action,其中包括抽象方法:"行动",例如,鱼

实现的功能就是游,鸟就是飞。

程序如下:

```java
public interfaceAction{                  //动物行为接口
    public abstractvoid action ();       //动物的行为方法
}
class Frog implements Action {//定义青蛙类,实现接口
    private String name;
    private String sex;
    private int age;
    public Frog(String name, String sex, int age) {
        this.name = name;
        this.sex = sex;
        this.age = age;
    }
    public voidaction() {
        if(this.age <10){
            System.out.println(this.name + "游");//青蛙小时候,是蝌蚪时,行为是游
        }else{
            System.out.println(this.name + "跳");//青蛙长大后,行为是跳
        }
    }
    public void grow(){
        this.age + + ;
        System.out.println("年龄" + this.age);
    }
}
classBird implements Action {         //鱼类,实现动物行为接口
    private String name = "鸟";
    public voidaction() {
        System.out.println(this.name + "飞");
    }
}
class Action_ex{
    public static void main(String[] args) {
        Action g = new Frog("蝌蚪","male",5); //接口变量g引用实现接口的类的对象
        g.action();
        g = newBird ();
        g.action();//表现运行时多态性
    }
}
```

程序运行结果如下:

蝌蚪游
鸟飞

4.1.2 接口引用数据类型

接口也具有类型多态,赋值相容性。接口的变量可以引用实现接口的类的对象实例。这也是一种类型多态。例如:在【例 4.1】的基础上看以下代码:

```
Action p;   // Frog、Bird 是实现 Action 接口的类
p = new Frog("蝌蚪","male",5);
p. action() ;//行为方式
p.grow();//编译出错!
p = new Bird ();
p. action();//行为方式
```

Action 接口类型的变量 p 可以被赋值,实现了 Action 接口的 Frog、Bird 类的对象实例,并调用相关方法,调用 p. action()成功而 p. grow()出错,是因为接口变量 p 的数据类型 Action 中有 action()方法,没有 grow()方法,虽然 p 中存储的实例 Frog 有 grow()方法,但也不可以通过编译器。

对于类型多态的总结:
① 类是 Java 的一种引用数据类型,声明一个类 C 就是定义一个类型,该类型的值集为 C 类及其所有子类的实例,该类型的操作集为 C 类中声明的所有方法。
② 接口也是 Java 的一种引用数据类型,声明一个接口 I 就是定义一个类型,该类型的值集为所有实现接口 I 的类及其所有子类实例,该类型的操作集为接口 I 中声明的所有方法。

4.1.3 接口的特点

接口的访问权限是 public 和缺省;接口中的成员变量都是常量,即默认修饰符为 public static final,声明时必须赋初值,在实现接口的类中不能重新赋值,接口中不能声明实例成员变量。接口中的成员方法都是公有、抽象的实例成员方法,即默认修饰符为 public abstract,不能声明静态方法。接口中的所有抽象方法必须全部被实现接口的类覆盖,并且覆盖时类中的成员方法必须声明为 public。接口不能被实例化,由于构造方法不能是抽象的,接口不能包含构造方法。接口是引用数据类型,可以声明接口的变量。接口的变量能够引用实现接口类的对象的实例。

【例 4.2】证明接口只能定义常量,定义变量时必须赋值。
程序如下:

```
public interface Plane2{
    int aa = 9;//成员变量必须赋值,否则编译出错;
    final int conut = 10;
```

```
    public abstract double area();
    abstract double chang();
}
class Lan implements Plane2{
    public Lan(){aa = 100;}
    public double area(){return 0;}
    double chang(){return 0;}
}
```

编译结果：

Plane2.java:14：Lan 中的 chang() 无法实现 Plane2 中的 chang()；正在尝试指定更低的访问权限；为 public
　　　double chang(){return 0;}　　　　　　　　　//计算面积

Plane2.java:12：无法为最终变量 aa 指定值
　　　public Lan(){aa = 100;}

从编译结果可以看到，当实现接口的类 Lan 中，实现抽象方法 abstract double chang()时，会编译报错，因为接口中的抽象方法都是 public 的，即使定义时没有写出。而在 Lan 中定义的方法访问权限是缺省，访问权限被缩小是不可以的。而接口中定义的 aa，虽然没有按正常常量定义的方式写，但其依旧是常量，所以必须在定义时赋值，否则会报错。而在实现此接口的子类 Lan 中试图改变 aa 的值，很显然是错误的，因为常量值是不可修改的。

4.1.4　接口的作用

　　接口提供方法声明与方法实现相分离的机制，开发阶段的过程控制，设计与实现的分离，使多个类之间表现出共同的行为能力。如前面的例子中大家都有 area()。接口中声明的抽象方法约定了多个类共用的方法声明，每个实现接口的类可以根据自身的实际情况，给出抽象方法的具体实现，不同的类可以有不同的方法实现。即，前面例子中的 area 实现的内容不同。接口中的一个抽象方法在实现接口的多个类中表现出多态性。

　　接口是将不同类中共同的行为进行抽象，定义为抽象方法，供多个类使用以统一它们的风格，实现不同类之间的多态。前面提过，重载实现了一个类中的多态，覆盖实现了子类与父类间的多态，抽象类实现了不同子类之间的多态，接口实现的是不同类之间的多态，它将不同类的共同行为进行抽象，统一定义为抽象方法到一个接口中，不同类之间使用相同的方法名，但实现却是不同的，这就是接口实现不同类之间的多态。例如，不同类，牛、鸟、人，都有"叫"这个行为，只是它们"叫"的方式不同，那么就可以对这些类进行抽象，抽象出它们的共同行为"叫"定义为统一的方法名，只要在不同类中进行不同的实现就可以了。

那么就涉及"实现接口的类"这个概念,就像抽象类一样,接口中只有抽象方法,要想使用这些方法,必须定义实现接口的类,在这个类中对所有抽象方法进行实现,例如,可以定义"交流"接口,其中有"叫"这个抽象方法,这样当定义"牛"这个类,就可以实现此接口。在牛类中将接口中"叫"这个抽象方法进行实现,播放牛叫的声音。还可以定义"鸟"这个类,在其中将接口中"叫"这个抽象方法进行实现,播放鸟叫的声音。那么牛和鸟就是实现接口的类。当程序运行期间,实例化了各种对象实例,只要调用"叫"这个方法,Java系统就会自动的根据调用它的具体对象,是鸟就执行鸟叫,是牛就执行牛叫。这就是多态。

这在软件开发过程中非常有用,它将设计与实现阶段进行了分离,设计者有更高的权利,它统领全局,进行设计统一每种行为的方法命名,根据整体需求,确定每个类的名字,每个方法的名字,但它不管具体如何实现,它只管设计,当设计阶段完成,进入实现阶段,编程人员就要严格按照设计者的定义实现相应方法、类的代码内容,当编程人员实现设计者定义的接口时,必须按照设计者的要求将抽象方法进行实现,不可修改方法声明,这是强迫性的。编程人员只能遵守设计者的要求,否则程序就不能通过。

4.1.5 接口与抽象类的区别

接口和抽象类有相似的地方,它们都是描述一个抽象的概念,将多个类共同使用的一些方法和常量抽象出来,也具有数据成员与抽象方法,实现了方法声明与实现的分离,也就是实现了设计和实现阶段的分离控制。接口中的抽象方法的使用与抽象类的方法相似,也是要通过一个实现了接口的类来将抽象方法进行实现。两者都不能被实例化。两者都是引用数据类型。

抽象类约定多个子类之间共同使用的方法;接口约定多个互不相关类之间共同使用的方法。抽象类与子类之间采用单重继承机制;一个类实现多个接口则实现了多重继承的功能。抽象类中成员具有与普通类一样的访问权限;接口中成员的访问权限均是public(缺省也是public,而private和protected编译出错)。抽象类中可以包含非抽象方法,也可以声明构造方法;接口中的方法全部是抽象方法,不能声明构造方法。抽象类中可以声明成员变量,子类可以对该成员变量赋值;接口中只能声明常量。

抽象类为子类约定方法声明,并给出部分实现,包括构造方法等;抽象方法在多个子类中表现出多态性。类的单重继承,使得一个类只能继承一个类的约定和实现。

接口为多个互不相关的类约定某一特性的方法声明,在类型层次中表达对象拥有的属性。接口是多重继承的。一个类实现多个接口,就具有多种特性,也是多重继承的。

4.1.6 用接口实现多重继承

介绍完接口的定义、使用方法和特点后,就要讲一讲接口是如何实现多重继承的。多重继承是有用的,例如,一个人可能是学生同时也是老师,这时她就具有老师和学生的多重特性,此时可能就要定义一个类使得它继承 Teacher 和 Student 这两个类。

而 Java 只支持单重继承,它需要利用接口来实现多重继承,即,通过定义一个类实现多个接口来实现,这样这个类就具有了多个接口中的特性,从而实现了多重继承。

那么为什么 Java 不直接使用多重继承呢?因为像 C++ 的多重继承会产生二义性。假设当 Teacher 和 Student 类中都定义了 print() 方法时,那么继承了这两个类的子类内部就有两个一模一样的两个 print() 了,当子类对象调用这个方法时调用哪一个呢?这不像在子类与父类间的覆盖,可以根据对象实例来区分,这是在一个类中同时继承来了两个同等级的方法,这就会产生二义性。

而利用接口就可以避免这种情况。因为,如果实现的多个接口中都有 print() 方法也没关系,因为它们都是抽象方法,它的具体实现都在子类中实现,所以就相当于只有一个 print() 方法。大家注意,实现接口主要是继承各种抽象定义,统一风格。告诉子类有哪些特性,至于这些特性的实现,就要子类自己完成了。

① 一个类可以继承一个父类并实现多个接口,以实现多重继承。这样避免了 C++ 中多重继承的隐患(二义性)。

② Java 用接口实现多重继承,只继承约定而不继承实现。

通过子类对象调用父类方法时,单重继承寻找效率高,是线性寻找,多重继承是非线性寻找,要在多个父类中寻找相应方法。

4.2 包

在 Java 里,可以将一个大型项目中的类分别独立出来,分门别类地存到文件里,再将这些文件一起编译执行,如此的程序代码将更易于维护。同时在将类分割开之后对于类的使用也就有了相应的访问权限问题。

4.2.1 包的概念

Java 中为什么要引入包的概念呢?这是由于 .java 文件编译好后,其内部定义的每一个类都生成一个 .class 字节码文件。程序运行中,当一个类引用另一个类时,Java 虚拟机默认在当前文件夹中寻找相应类的 .class 文件。当一个类进行修改后,重新编译生成的 .class 文件,必须拷贝到所有引用过它的类所在的文件夹中。可以想象,对于大型的软件开发项目,一个类定义好后,可能会在几十个甚至上百个地方进行使用,而模块式开发,使得多个类之间可能是并行编码开发的,那么一个类做了一些修改后要马上拷贝到所有引用它的地方,这种程序开发过程需要维护的成本太高,而且也存在不安全性,一旦某个地方没有进行更新很可能产生非常严重的错误。此外,当一个大型程序由数个不同的组别或人员开发共同开发时,用到相同的类名称是很有可能的事。这种情况发生,还要确保程序可以正确运行。

因此,为解决.class文件存放和类命名的问题,Java提供了包机制,提高Java程序的管理效率,分门别类地存放类程序代码。有了包的概念后,类在某个地方定义好后,不需要做其他工作,其他类就可以自动的引用这个定义好的类。

概念:包(package)
- 从逻辑概念看,包是类的集合;从存储概念看,包是类的组织方式;
- 包与类的关系,就像文件夹与文件的关系一样。一个包对应一个文件夹;一个类对应一个.class文件。一个文件夹中包含多个.class字节码文件;一个包中包含多个类。
- 包中还可以再有子包,称为包等级,子包对应一个子文件夹。
- 一个包中的多个类之间不能重名,不同包中的类名可以相同。
- 系统不会自动创建包所对应的文件夹及其子文件夹,必须由程序员自己创建。

从图4.1中可以看到Java中的包在操作系统中文件系统的表现,就是文件夹,而类表现为.class文件。

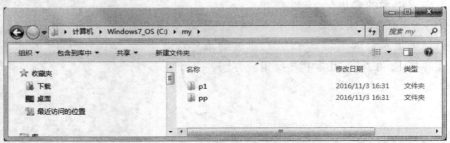

图4.1 包在操作系统中的表现方式

4.2.2 创建、声明和导入包

在 Java 中建立一个包主要有三个步骤,即包的创建三要点:

① 环境变量设置,包的路径必须设置在环境变量 classpath 中;

② 在逻辑结构上,在一个包中定义一个类必须在代码中写"package"包名;

③ 在存储结构上,在相应的包文件夹中必须有相应类的.class 文件。

接下来就已建立一个 my package 包为例,来说明包的建立过程。首先创建与包同名的文件夹,定义包 mypackage 等同于在操作系统中创建文件夹 mypackage,然后设置环境变量 classpath,在其中加入包 mypackage 的所在路径。接下来声明类所在的包,即在定义类的文件中加入,package 包1{.包2};语句

例如:

```
package mypackage;       //程序第一行
public class 类名{……}
```

最后是将这个类编译好的.class 文件手动移动到 mypackage 文件夹中。这样就实现了建立包 mypackage,并且将一个类放入了这个包中,以此类推,可以将多个类加入到包中。

现在,将类放入了包中,那么其他类如何使用这个在包中的类呢? 首先对于在同一包中的类之间相互使用不需做任何额外操作。对于一个类要使用其他包中的类时,需要进行引用。引用的方式有两种:

方法一:引用其他包中的类

包1{.包2}.类|接口

例如:mypackage. A g=new mypackage. A ();

方法二:导入包

import 包1{.包2}.类|接口|*;

例如:　　import mypackage. A;
　　　　　 import mypackage. *;
　　　　　 A g=new A ();

通过 import 命令,可将某个 package 内的整个类导入,因此后续的程序代码便不用再写上被访问 package 的名称了。

4.2.3 Java 程序结构

对于引用包,以及包定义在 java 程序编写格式上是有要求的,一般 Java 源程序结构如下:

```
package           //声明包,0～1 句
```

```
import           //导入包,0~多句
public class 或 interface//声明公有类或接口,0~1句,文件名与该名相同
class            //声明默认类,0~多句
interface        //声明接口,0~多句
```

4.2.4 JDK 中常见的包

SUN 公司在 JDK 中为程序开发者提供了各种实用类,这些类按功能不同分别被放入了不同的包中供开发者使用,下面简要介绍其中最常用的几个包:

1. java.lang-包含一些 Java 语言的核心类,如 String、Math、Integer、System 和 Thread 提供常用功能。在 java.lang 包中还有一个子包:java.lang.reflect 用于实现 java 类的反射机制。

2. java.awt-包含了构成抽象窗口工具集(abstract window toolkits)的多个类,这些类被用来构建和管理应用程序的图形用户界面(GUI)。

3. javax.swing-此包用于建立图形用户界面,此包中的组件相对于 java.awt 包而言是轻量级组件。

4. java.applet-包含 applet 运行所需的一些类。

5. java.net-包含执行与网络相关的操作的类。

6. java.io-包含能提供多种输入/输出功能的类。

7. java.util-包含一些实用工具类,如定义系统特性、与日期日历相关的函数。

注意:JDK 1.2 以后的版本中,java.lang 这个包会自动被导入,对于其中的类,不需要使用 import 语句来做导入了,如前面经常使用的 System 类。

第 5 章 异常处理

这一章主要学习 Java 的异常处理知识,就是针对各种程序运行时经常会出现一些不正常的现象,像死循环、不正常退出等一些运行错误。对其中一些可以处理的运行错误进行处理,来保证编写的程序具有更高的稳定性和可靠性。

早期的编程语言(比如 C 语言)没有异常处理,通常是遇到错误返回一个特殊的值或设定一个标志,来判断是不是有错误产生,就必须使用 if 或 switch 等语句,配合所想得到的错误状况来捕捉程序里所有可能发生的错误。但为了捕捉这些错误,编写出来的程序代码经常有很多 if 语句,有时候仍不能捕捉到所有的错误,而且这样做势必导致程序运行效率降低。很显然这种错误处理机制不能满足现在的系统设计需要。于是在一些语言中出现了异常处理机制。

Java 的异常处理机制也秉承着面向对象的基本思想。在 Java 中,所有的异常都是以类的类型存在,除了内置的异常类之外,Java 也可以自定义异常类。此外,Java 的异常处理机制也允许自定义抛出异常。

5.1 Java异常处理的基础知识

一个开发完成的程序交给用户使用后,如果用户在使用过程中,经常出现一些由系统终止运行的错误信息,在用户看来是很严重的错误,这将会给用户带来非常坏的,用户一定会认为程序很糟糕。但实际上,有些错误可能是由于用户的操作不当而产生的,与程序关系不大,例如,要打开的文件不存在,或输入的数据格式不正确等,这些是在编程时无法预计的。然而系统直接停止运行,抛出普通用户无法理解的错误提示说明,这就会使用户很恼火。所以要在程序中编写一些代码来防止这种情况的产生,当有异常产生时,不直接抛给用户,而是由程序自身接收,并进行相应的处理,然后给用户一个更友好的界面,以及更有利于用户理解的说明。

5.1.1 程序错误种类

先看一看一般程序中都会犯一些什么样的错误。从程序员的角度,在编写程序时一般会有以下几种错误:

(1) 语法错

违反语法规范的错误称为语法错,在编译时发现。如标识符未声明,变量赋值时的数据类型与声明时的类型不匹配,括号不匹配等。Java 编译器会发现语法错误,给出错误的位置和性质。

(2) 语义错

在语义上存在错误,则称为语义错,运行时才能被发现。如除数为 0,变量赋值超出范围等。有些语义错误能够被事先处理(除 0、数组下标越界等),有些不能(打开文件不存在,网络连接中断等),这些错误的发生不由程序本身所控制,因此必须进行异常处理。

(3) 逻辑错

程序可编译,可运行,但运行结果与预期不符。即程序员自己将程序功能编写的不正确。系统无法发现逻辑错。

这里只讨论语义错误所引起的在程序运行时会产生的异常问题,对于编译时能发现的语法错和程序员编写不正确引起的逻辑错不做考虑。这是因为在程序开发过程中,程序员能够发现并改正语法错误和逻辑错误,但无法防范所有运行时的错误,即使程序员考虑的再周到,也不能保证运行时不出现错误。例如输入数据格式错误,文件不存在,网络连接中断等,这些错误的出现是不由程序控制的,面向过程语言没有提供对这些错误的防范和处理机制,只能任凭错误的产生而导致程序运行中断。

5.1.2 异常处理的类层次

从系统的角度,运行错误根据性质的不同分为两类:一类是致命性的;一类是非致命性的。

① 致命性错误:指程序运行时遇到的硬件或操作系统的错误。如虚拟机错误,内存溢出。这类现象称为"错误"。错误只能在编程阶段解决,运行时程序本身无法解决。

② 非致命性异常:指在硬件和操作系统正常时,程序遇到的运行错。除数为 0,打开文件时,文件不存在,网络连接中断,这类现象称为"异常"。

由于异常是可以检测和处理的,所以产生了相应的异常处理机制,目前大多数面向对象语言都提供异常处理机制,而错误处理一般由系统来承担,程序员是无能为力的。

Java 的异常处理机制秉承着面向对象的基本思想。在 Java 异常处理机制将错误封装成若干错误类和异常类,并提供异常处理语句用于在程序中实现对运行时错误的发现和及时处理。错误和异常分别定义为相应的 Error 类和 Exception 类,它们的根类是 Throwable,它是从 Object 直接继承而来,只有它的后代才可以做为一个异常被抛出。图 5.1 表示了异常处理的类层次。

从图中可以看出,Throwable 类有两个直接子类:Error 和 Exception,即错误和异常。

Error 类一般是指 Java 虚拟机相关的问题(运行系统的内部错误或资源耗尽的情形),表示 Java 系统中出现了非常严重的异常错误,并且这个错误是 Java 应用程序不能恢复或不可能捕获的。例如 LinkageError(动态连接错误)、ThreadDeath(死

图 5.1 异常处理的类层次

循环)、系统崩溃、虚拟机出错误等。

Error 类异常对象都是由 Java 虚拟机生成并抛出的,应用程序不应该抛出这种类型的对象,通常,Java 程序不对这类异常进行处理,因为这类就是对应前面讲到的致命性错误;如果出现这种错误,除了尽力使程序安全退出外,在其他方面是无能为力的。所以,在进行程序设计时,应该更关注 Exception 类。Error 类异常对象整个过程都是由 Java 虚拟机处理的,是由 Java 虚拟机生成、抛出并处理,Java 应用程序不能恢复和捕获它。

Exception 类对象是能由 Java 应用程序处理或抛出的对象,它一般代表了真正意义上的异常类的根类,也即是说,Exception 和从它派生而来的所有异常都是 Java 应用程序能够捕获到的,并且可以进行异常错误恢复处理的异常类型。它有各种不同的子类分别对应于不同类型的异常。Error 类异常对象是只能由 Java 虚拟机生成并抛出的,而 Exception 类异常对象是既可以由 Java 虚拟机生成和抛出的,也可以由 Java 应用程序生成和抛出的对象。

在 Exception 类分支下面,又根据对异常的处理方式要求的不同,分为运行时异常 RuntimeException 和非运行时异常(除 RuntimeException 之外的异常)。

其中 RuntimeException 类代表运行时由 Java 虚拟机生成的异常,如算术异常、数组越界异常、错误的类型转换、试图访问空指针等;处理 RuntimeException 的原则是:如果出现 RuntimeException,那么一定是程序员的错误,因为 RuntimeException 异常在程序设计正确时是可以避免的。例如,可以通过检查数组下标和数组边界来避免数组越界访问异常。不过不能要求程序员编出完美无缺的程序,所以用这类异常检查这类错误。当产生这类错误时,来提醒程序员。

除 RuntimeException 之外的其他异常则为非运行时异常,如输入输出异常 IOException 等,这一类异常必须采用异常处理机制进行处理,否则 Java 编译器无法通过编译。注意:Java 编译器要求 Java 程序必须捕获或声明所有非运行时的异常,如:FileNotFoundException、IOException 等。因为,对于这类异常来说,如果程序不进行处理,可能会带来意想不到的结果。但对运行时出现异常可以不做处理,因为这类异常很普遍,全部处理可能对程序的可读性和运行效率产生影响。我们后面会举例说明,这里先来看看整个类结构中的几个关键类的定义内容:

```
public class Throwable implements Serializable{
    public Throwable()
    public Throwable(String message)
    public String getMessage()//获得异常信息
    public String toString()//获得异常对象的描述信息
    public void printStackTrace()//显示异常栈跟踪信息
}
```

Throwable 是错误和异常的根类，其中定义了一些常用的、用来获取异常和错误信息的方法。希望读者能够记住，以便在进行异常处理时调用相关方法，了解问题的情况。

```
public class Exception extends Throwable{
    public Exception()
    public Exception(String s)
}
```

5.1.3 异常的分类

根据异常处理的类层次中，针对各个类的处理要求的不同，可以将异常和错误分为三种处理方式：

(1)程序不能处理的错误

Error 类是错误类。如内存溢出、栈溢出等。这类错误一般由系统处理。程序本身无须捕获和处理。

(2)程序应避免而不捕获的异常

对于运行时异常类(RuntimeException)，在程序设计正确时是可以避免的。如数组越界，在编程时使用数组长度 a.length 即可避免异常发生，因此这类异常应通过程序调试尽量避免而不是去捕获它，因为异常机制的效率很差。异常对性能的影响有两个方面：一是异常的创建，捕获和处理都需要付出代价。另一方面，就算异常没有发生，包含异常处理的代码也会比不包含异常处理的代码需要的运行时间更多。

(3)必须捕获的异常

一些异常在编写程序时是无法预料的，如文件没找到异常、网络中断异常，因此为了保证程序的健壮性，Java 要求必须对可能出现这些异常的代码使用 try、catch、finally 语句，否则编译无法通过，这是强制要求。下面看一个必须捕获的异常的例子。

```
import java.io.*;
public class Test{
    public static void main (String args[]) {
        FileInputStream fis = new FileInputStream("autoexec.bat");//访问文件语句
        System.out.println("I can not found this file!");
```

    }
}

读者可以来编译一下,会看到编译不能通过。编译结果:
Test.java:4:未报告的异常 java.io.FileNotFoundException;必须对其进行捕捉或声明
以便抛出

    FileInputStream fis = new FileInputStream("autoexec.bat");//访问文件语句

1 错误

系统提示文件不存在异常类必须被捕获或声明抛出的出错信息。这是由于 new FileInputStream("autoexec.bat");这个语句中调用的构造方法 FileInputStream("autoexec.bat")在定义时,定义为了一个会抛出 FileNotFoundException 异常的方法,而 FileNotFoundException 正是非运行时异常类,所以即使程序本身没有任何错误,但在编写调此方法时,也要进行异常处理的内容。

5.2 Java 异常处理

  异常处理机制就是在源程序中加入异常处理代码,在程序运行出现异常时,由异常处理代码调整程序走向,使程序仍然可以正常运行至结束。具体来说,异常机制提供了程序退出的安全通道。异常处理是一种对异常进行事后处理的机制,即不是预防异常,而是在异常产生后对异常的处理方法。异常处理机制的优越之处体现在以下两方面。

① 从语法上看,异常处理语句将程序正常代码与错误处理代码分开,使程序结构清晰,算法重点突出,可读性强。

② 从运行效果看,异常处理语句使程序具有处理错误的能力。

Java 本身已有相当好的机制来处理异常的发生。先来看看 Java 是如何处理异常的。TestException 是一个错误的程序,它在访问数组时,下标值已超过了数组下标所容许的最大值,因此会有异常发生:

```
public class TestException{
    public static void main(String args[]){
        int arr[] = new int[5];  // 容许 5 个元素
        arr[10] = 7;      //下标值超出所容许的范围
        System.out.println("end of main() method !!");
    }
}
```

在编译的时候程序不会发生任何错误,但是在执行到时,会产生下列错误信息:

Java语言程序设计基础

Exception in thread "main" java.lang.ArrayIndexOutOfBoundsException：10at TestException.main(TestException.java：6)错误的原因在于数组的下标值超出了最大允许的范围。

Java发现这个错误之后,便由系统抛出"ArrayIndexOutOfBoundsException"这个种类的异常,用来表示错误的原因,并停止运行程序。如果没有编写相应的处理异常的程序代码,则Java的默认异常处理机制会先抛出异常、然后停止程序运行。

5.2.1 异常处理基本过程

Java通过面向对象的方法来处理异常,当异常事件产生时,会生成这个异常对应的类的一个对象实例,并将这个对象实例抛出,然后进行捕获和处理。生成抛出、捕获处理异常对象实例的,可以是Java虚拟机和Java应用程序。异常对象中包含了异常事件类型,程序运行状态等对异常进行描述的必要信息。异常处理机制中对异常对象的主要动作有：生成抛出和捕获处理。

① Java程序在执行过程中如出现异常,会自动生成这个异常类的对象实例,该异常对象将被提交给Java运行系统,这个过程称为生成抛出异常。

② 当Java运行时系统接收到异常对象时,会寻找能处理这一异常的代码并把当前异常对象交给其处理,这一过程称为捕获处理异常。运行时系统从生成异常对象的代码开始,沿着方法的调用栈,逐层回溯查找,直到找到包含相应处理的方法,并把异常对象交给该方法为止。如果Java运行时系统找不到可以捕获异常的方法,则运行时系统将终止,相应的Java程序也将退出。

简单地说,异常处理的整个过程是,发现异常的代码可以抛出一个异常,运行系统捕获该异常,交由程序员编写的相应代码进行异常处理。一个异常对象可以由Java虚拟机生成,也可以由程序员编写的应用程序生成。我们先讲由Java虚拟机生成的异常对象,后面会讲到如何由应用程序来生成异常的方法。下面通过一个例子看一下异常产生和捕获的过程。

【例5.1】异常产生和捕获的过程。

程序如下：

```
public class Try1
    public static void main (String args[]){//主函数
        int i = 0;
        int a[] = {5,6,7,8};
        //直接为数组赋初值,赋了4个值,可以知道数组的最大下标应该为3
        for(i = 0;i<5;i++)//循环语句,变量i由0到4
            System.out.println("  a[" + i +"] = " + a[i]);
        //所以这一句运行到i = 4时就会出错,下标溢出
        System.out.print("3/0 = " + (3/0));
        //进行除法运算,可以看到除数为0,所以运行程序时会出错
```

        }
    }

运行结果:

   a[0] = 5
   a[1] = 6
   a[2] = 7
   a[3] = 8
Exception in thread "main" java.lang.ArrayIndexOutOfBoundsException: 4
        at Try1.main(Try1.java:7)

可以看到编译时没有问题,说明没有语法错误,执行一下,可以看到产生了异常,这个异常是数组下标溢出异常,这里并没有显示第二个异常,是因为第一个异常使得程序中断,下面的语句将不会被执行。

这个过程是由 Java 虚拟机捕获并处理异常的,如何使 Java 应用程序自己来捕获和处理异常,并可以在捕获异常进行相应的处理后使程序可以继续正常运行,而不是这样硬生生地由系统抛出错误信息。这很重要,当有异常产生时,不直接抛给用户,而是由程序自身接收,并进行相应的处理,然后给用户一个更友好的界面,更有利于用户的理解。

实现由 Java 应用程序捕获和处理异常,而不是 Java 虚拟机捕获和处理异常就需要用到异常捕获处理的应用程序语句。后面我们会介绍由 Java 应用程序自己抛出异常的方法。

生成抛出异常:产生一个异常事件,生成一个异常对象。由 Java 虚拟机或 Java 应用程序 throw new Exception()。

捕获处理异常:找到可处理此异常对象的方法所在的位置,执行处理方法对异常对象进行处理。由 Java 虚拟机或 Java 应用程序 try-catch-finally。

5.2.2 异常处理语句结构

异常发生后,Java 便把这个异常抛了出来,可是抛出来之后没有程序代码去捕捉它,所以程序没有完全执行完便结束。如果加上捕捉异常的程序代码,则可针对不同的异常做妥善的处理。这种处理的方式称为异常处理。异常处理是由 try、catch 与 finally 三个关键字所组成的程序块,其语法如下:

try{
        try 中存在潜在异常的代码
    }
catch(异常类 异常对象){

当 try 语句中的代码产生异常时,根据异常的不同,由不同 catch 语句中的代码对异常进行捕获并处理,如果没有异常,则 catch 语句不执行

Java 语言程序设计基础

```
}
finally{
    无论是否产生异常都必须执行 finally 中的代码
}
```

try…catch…finally 语句的作用是，当 try 语句中的代码产生异常时，根据异常的不同，由不同 catch 语句中的代码对异常对象进行捕获并处理，如果没有异常，则 catch 语句不执行；而无论是否捕获到异常都必须执行 finally 中的代码。

异常处理的第一步就是用 try 选定要捕获异常的范围，在这个花括号中，放可能会产生异常的代码，也就是说，当某段代码在运行时可能产生异常时，需要使用 try 语句来捕获这个异常。例如，当某段代码需要访问某个文件，但不确定程序运行时该文件是否存在，在编程时是无法确定的，这时就需要对这段代码使用 try 语句。这样，当文件存在时，程序可以正常运行，若文件不存在，则可以由 catch 语句捕获并处理。在执行时，括号内的代码会产生异常对象并抛出，异常抛出后 Java 虚拟机会对调用栈进行遍历来寻找匹配的 catch 语句，然后就可以用 catch 块中的代码来处理异常了。如果最后找不到匹配的 catch 语句，就会调用未捕获异常方法 ThreadGroup.uncaughtException()。注意：try 所限定的代码中，当某一语句抛出一个异常时，其后的代码不会被执行。try 代码后段不执行，不是整个程序后面的不执行。

在 catch(ExceptionType1 e){} 的花括号中，放的是对捕获的某种异常对象进行处理的代码。catch 语句参数类似于方法的声明，包括一个异常类型和一个异常对象。其中 ExceptionType1 代表 catch 语句所处理的某种异常类型，e 就是具体的 try 代码块中抛出的异常对象，系统生成相应的异常对象，并将这个对象用这个参数传给这部分处理程序。catch 语句可以有多个，分别处理不同类的异常，但至少要有一个。Java 运行时系统从上向下分别对每个 catch 语句处理的异常类型进行检测，直到找到与类型相匹配的 catch 语句为止。类型匹配是指 catch 所处理的异常类型与生成的异常对象的类型完全一致或是它的超类。因此，catch 语句的排序顺序是从特殊到一般。也可以用一个 catch 语句处理多个异常类型，这时它的异常类型参数应该是这些异常类型的超类。如果程序产生的异常和所有 catch 处理的异常都不匹配，则这个异常将由 Java 虚拟机捕获处理，此时与不使用 try…catch…finally 语句是一样的，这显然不是被希望的，因此一般在使用 catch 语句时，将最后一个 catch 语句设置成 Exception 类型由于 Exception 类型是所有异常类的超类，从而保证异常对象由程序自身来捕获和处理。一个 catch 只有一个参数，不可以设置多个。若某一异常对象，有几个 catch 异常处理程序与它相匹配，那么将执行第一个相匹配的 catch 异常处理程序。在异常处理程序中，不能访问 try 块中定义的对象，异常处理开始，try 块结束。

finally 就是与 C++不同的地方了,标准 C++中没有 finally 子句。在 Java 中 finally 部分的代码是一定要执行的程序部分,无论是否产生异常都要执行。它一般是为一些必要的处理内容提供统一的出口,特别适用于维护对象的内部状态,用来保证异常发生时恢复对象的有效状态,以确保程序能在处理完异常后自动再次投入运行,以及清理资源功能。对于 Java 来说,由于有了垃圾收集,所以异常处理并不需要回收内存。但是依然有一些垃圾回收机制无法处理的资源需要程序员来收集,比如数据库连接、文件流句柄关闭、Socket 关闭和图片等资源。C++中没有垃圾收集机制,异常造成了资源管理变得非常复杂。在 C++中,编写异常安全的代码,是十分困难的。finally 语句是可以省略。当然,编写 finally 块应当多加小心,特别是要注意从 finally 块内抛出的异常,这是执行清理任务的最后机会,尽量不要再有难以处理的错误。

注意:从上面的 try-catch-finally 程序块的执行流程中可以看出,无论 try 或 catch 中发生了什么情况,finally 都是会被执行的,那么写在 try 或者 catch 中的 return 语句也就不会真正的从该方法中跳出了,它的作用在这种情况下就变成了将控制权转到 finally 块中;那么如果在 finally 段中又调用了一次 return 语句,则 try 或 catch 段中的返回值将会被遮掩,使得方法调用者得到的是 finally 段中的返回值。例如,在 try 或者 catch 中执行 return false,而在 finally 中又执行了 return true,那么上级调用方法能够获取到的只是 finally 中的返回值,因为 try 或者 catch 中的 return 语句只是转移控制权的作用。我们一般总是以为当执行 return 语句的时候,会立刻离开执行中的方法,返回到方法调用端。但是在 Java 语言中,一旦 finally 段出现,这种观点便不再成立了。为了绕开这个潜在的陷阱,需要尽量不在 try 或 catch 区段中调用 return break 或 continue 语句以及其他一些可能使本块程序终止的语句像后面会介绍的 Throw 抛出异常语句。如果无法避免,那么一定要确保 finally 区段的代码不会影响函数的返回值,这种情况下一定要注意返回值的处理。弄清楚 try-catch-finally 的执行情况后才能正确使用它。

由上述的过程可知,异常捕获的过程中做了两个判断:第一个是 try 程序块是否有异常产生,第二个是产生的异常是否和 catch()括号内欲捕捉的异常类型相同。因此,异常处理运行的步骤,如图 5.2 所示:

下面通过一个例子来介绍 try…catch…finally 的使用方法。

【例 5.2】使用 try…catch…finally 语句进行异常处理。

程序如下:

```
public class Try2{
    public static void main (String args[])
        int i = 0;
```

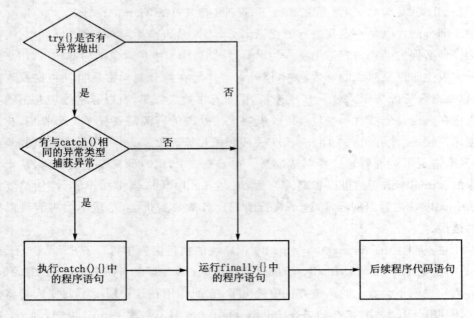

图 5.2 异常处理运行的步骤

```
int a[] = {5,6,7,8};
for(i = 0;i<5;i + + ){
    try{//这里加了 try 语句
        System.out.print("a[" + i + "]/" + i + " = " + (a[i]/i));
        //可以看到这里是会产生异常的地方,将它放在了 try 的部分。
    }
    catch(ArrayIndexOutOfBoundsException e) {
    //ArrayIndexOutOfBoundsException 数组下标越界异常类
        System.out.print("捕获数组下标越界异常!");
    }
    catch(ArithmeticException e) {
        // ArithmeticException 算术异常类
        System.out.print("捕获算术异常!");
    }
    catch(Exception e) {
        System.out.print("捕获" + e.getMessage() + "异常!");
        //处理内容是显示捕获异常的信息
    }
    finally{///必须执行的部分
        System.out.println("   finally  i = " + i);
        //显示执行到这里 i 是几
    }
```

```
        }
System.out.println("继续!");
    }
}
```

在 catch 这个部分应当写当 try 中语句产生相应异常时,要做的处理代码。这里只是简单的显示出捕获的异常是什么。最后一个 catch(Exception e)异常类型是 Exception,当异常与前面两种异常类型不同时,会被执行。这个 Exception 是所有异常类的父类,写在这里使得不管产生什么异常都会被捕获执行。C++中不是单重继承的,所以不能像这里这样通过捕捉某个基类来捕捉所有的异常。这段程序中有多个 catch,每当异常产生,只执行其中一个参数符合异常类型的 catch 部分,例如当数组越界异常产生,由第一个 catch 捕获它,只执行第一个 catch,后面的 catch 语句就不起作用了。

出现 System.out.println("继续!");时程序并没有因为异常的产生而终止,而是继续运行着,不像前面那个没有 try、catch、finally 语句的程序,由 Java 虚拟机处理异常时就会终止程序,而这里由 Java 应用程序来处理异常,使得程序可以继续运行。可以执行一下看看运行结果:

```
捕获算术异常!    finally  i = 0
a[1]/1 = 6  finally  i = 1
a[2]/2 = 3  finally  i = 2
a[3]/3 = 2  finally  i = 3
捕获数组下标越界异常!    finally  i = 4
继续!
```

虽然产生了算术异常但程序继续运行,循环还在往下执行。

对于处理不了的异常可以再次抛出,因为有些异常在本级中,只能处理一部分内容,有些处理需要在更高一级的环境中完成,所以应该再次抛出异常。这样可以使每级的异常处理器处理它能够处理的异常。

5.3 抛出异常

前两节介绍了 try_catch_finally 程序块的编写方法,本节将介绍如何抛出异常,以及如何由 try-catch 来接收所抛出的异常。抛出异常有下列两种方式:
① 程序中抛出异常;
② 指定方法抛出异常。

在捕获一个异常前,必须有一段代码生成一个异常对象并把它抛出,上一节中介绍的所有例子都是由 Java 运行时系统抛出异常对象的情况,然后由系统处理或由程序处理,除了以上的情况,异常对象也可以由程序员自己编写的代码抛出,即在 try

语句中的代码本身不会由系统产生异常,而是由程序员故意抛出异常。那么为什么要故意抛出异常呢? 主要是由于程序功能的需要。下面看一个例子。

【例 5.3】 求 1 到 9 的阶乘

程序如下:

```java
public class Try4{
    public void factorial(byte k){          //求 k 的阶乘的方法定义
        byte  y=1,i;//定义为 byte 是 8bits 长度的整型数据类型
        for(i=1;i<=k;i++)//循环 i 从 1 到 k
            y=(byte)(y*i);//不断的乘
        System.out.println(k+"! = "+y);//显示 k 阶乘的值
    }
    public static void main (String args[]){
        Try4 a = new Try4();//新建对象 Try4
        for(byte i=1;i<10;i++)//求 1 到 9 的阶乘
            a.factorial(i);//调用对象的方法求每个数的阶乘
    }
}
```

运行结果:

1! = 1
2! = 2
3! = 6
4! = 24
5! = 120
6! = -48
7! = -80
8! = -128
9! = -128

可以看到从 6 开始往后都是负数,整数阶乘的结果应该都为正整数才对,为什么会出现这种情况? 这说明数据溢出了,即超出了 byte 的数据范围。

在程序实现功能的业务流程中,有时候一些程序认为是正确的情况,而对项目的业务流程来说可能是错误的状态,例如人的年龄是 1000,此时程序本身不认为是错误,而常识告诉我们出现了错误,对于程序功能来说,是一种异常,所以可以统一采用异常处理的方式加以处理。当出现不符合功能的情况,就认定是异常而进行主动抛出。下面就介绍使用 throw 语句来主动抛出异常的方法。

5.3.1 使用 throw 语句抛出异常

程序员根据程序的功能需要主动抛出异常的语句格式:

第5章 异常处理

throw <异常对象>

其中,throw是关键字;异常对象是要抛出的异常对象。Java语言要求Java程序中,所有抛出的异常都只能是Exception类及其子类的对象。下面将上一个程序进行修改,看一看程序主动抛出异常的例子:

【例5.4】加入异常处理的求1到9的阶乘。

程序如下:

```java
public class Try5{
    public void factorial(byte k){  //前面的内容不变
        byte  y=1,i;
        for(i=1;i<=k;i++){
            try{
                if(y>Byte.MAX_VALUE/i)
                    throw new Exception("overflow");  //溢出时抛出异常
                else   //否则正常执行乘法操作
                    y=(byte)(y*i);
            }catch(Exception e){//在由catch捕获被抛出的异常。
                System.out.println("exception:"+e.getMessage());//显示异常信息
                e.printStackTrace();//显示跟踪堆栈中的信息
                System.exit(0);//终止程序
            }
        }
        System.out.println(k+"! = "+y);
    }
    public static void main(String args[]){
        Try5 a = new Try5();//新建对象Try5
        for(byte i=1;i<10;i++)//求1到9的阶乘
            a.factorial(i);//调用对象a求阶乘的方法,求每个阶乘
    }
}
```

程序中,在每次乘法前先判断结果是否溢出,其中的Byte.MAX_VALUE是Integer类的常量,表示最大值。当溢出时,用throw语句抛出异常,new Exception("overflow")生成一个异常对象,它的描述信息是"overflow"。执行throw语句后,运行流程将立即停止,它后面的语句执行不到,然后在包含它的try块中(可能在上层调用方法中)从里向外寻找与其匹配的第一个catch子句执行。

Byte为byte的包装类。基本数据类型包装类的作用:使用基本数据的简单类型可以改善系统的性能,满足大多数应用程序的需求,但这些基本数据类型不具有对象的特性,不能满足某些特殊的需求,所以给它们定义了包装类。包装类对象在进行基本数据类型的类型转换时也特别有用。运行结果:

```
1! = 1
2! = 2
3! = 6
4! = 24
5! = 120
exception: overflow
java.lang.Exception: overflow
        at Try5.factorial(Try5.java:7)
        at Try5.main(Try5.java:21)
```

可以看出到 6 时主动抛出的异常，程序终止没继续往下算，以及跟踪堆栈中的信息。

5.3.2 抛出异常的方法与调用方法处理异常

在前面的例子中，异常产生和处理都是在同一个方法中进行的，在实际编程中，并不是必须由产生异常的方法处理自己的异常，也可以在该方法之外进行处理。这样便于管理程序，可以使所有的异常处理集中在一起进行维护。那么整个异常处理过程就被分为两个部分：抛出异常的方法和处理异常的方法。

如果方法内的程序代码可能会发生异常，且方法内又没有使用任何的代码块来捕捉这些异常时，则必须在声明方法时一并指明所有可能发生的异常，以便让调用此方法的程序得以做好准备来捕捉异常。也就是说，如果方法会抛出异常，则可将处理此异常的 try—catch—finally 块写在调用此方法的程序代码内。如果要由方法抛出异常，则方法必须以下面的语法来声明：

方法名称（参数…）throws 异常类 1,异常类 2,…

在方法声明中加入 throws 子句，表示该方法会抛出异常。throws 是关键字，＜异常类＞是可能要抛出的各种异常类，它可以声明多个，用逗号隔开。

为什么要声明方法抛出异常呢？是为了当其他方法调用该方法时可以明确知道该方法抛出异常，这样它就必须编写必要的异常处理代码，假设方法抛出异常却没有声明该方法将抛出异常，那么程序员可能调用这个方法而不编写处理异常的代码。那么，一旦出现异常，这个异常就没有合适的异常处理代码来解决。所以方法是否抛出异常与方法返回值的类型一样重要，在 Java 语言中，这也是必须的。

注意：覆盖父类某方法的子类方法不能抛出比父类方法更多的异常，所以，有时设计父类的方法时会声明抛出异常，但实际的实现方法的代码却并不抛出异常，这样做的目的就是为了方便子类方法覆盖父类方法时可以抛出异常。

一个方法抛出异常后，系统将异常传递给调用这个方法的方法来处理这些异常。下面看一个抛出异常方法和调用方法处理异常的例子。

第 5 章 异常处理

【例 5.5】 此例子还是计算阶乘，抛出数据溢出异常的例子。
程序如下：

```java
public class Try6{ //注意它有 throws 关键字，所以这个方法是抛出异常的方法
    public voidfactorial (byte k) throws Exception{ //其他内容和前面的例子基本一样
        byte  y = 1,i;
        for (i = 1;i< = k;i + + ){
            if(y>Byte.MAX_VALUE/i)
                throw new Exception("overflow");
                //声明了会抛出异常，要是没有这句抛出异常
            else
                y = (byte)(y * i);
        }
        System.out.println(k + "! = " + y);
    }
    public voidcalc (byte k) {
    //这是捕获并处理异常的方法,它其中调用了抛出异常的方法 calc(k);
        try{
            factorial (k);
        }
        catch(Exception e) {//处理内容也和上例相同
            System.out.println("exception: " + e.getMessage());
            e.printStackTrace();
            System.exit(0);
        }
    }
    public static void main (String args[]){
        Try6 a = new Try6();
        for (byte i = 1;i<10;i + + )
            a.calc (i);
    }
}
```

运行一下会发现和前面的结果基本相同，只是跟踪堆栈中多了一层。运行结果：

```
1! = 1
2! = 2
3! = 6
4! = 24
5! = 120
exception: overflow
java.lang.Exception: overflow
        at Try6.factorial(Try6.java:6)
```

```
        at Try6.calc(Try6.java:16)
        at Try6.main(Try6.java:27)
```

注意：如果某个方法声明它是抛出异常的方法，那么在调用它的方法中必须进行捕获和处理或者再次声明抛出，否则编译会出现错误。

5.4 自定义异常类

虽然 Java 已经预定义了很多异常类，但有的情况下，程序员不仅需要自己抛出异常，还要创建自己的异常类，以实现要表达的程序功能。可以通过创建 Exception 的子类来定义自己的异常类。为什么要自己定义异常类呢？当 Java 内置的异常都不能明确的说明异常情况的时候，需要创建自己的异常类。需要注意的是，唯一有用的就是类型名这个信息，所以不要在异常类的设计上花费精力。选择扩展已有异常和重用他们是一个不错的方式。

因为所有可处理的异常类均继承自 Exception 类，所以自定义异常类也必须继承这个类。自己编写异常类的语法如下：

```
class 异常名称 extends Exception{
    ...
}
```

读者可以在自定义异常类里编写方法来处理相关的事件，甚至可以不编写任何语句也可正常地工作，这是因为父类 Exception 已提供相当丰富的方法，通过继承，子类均可使用它们。接下来以一个例子来说明如何定义自己的异常类以及如何使用它们。

【例 5.6】自定义异常类。

程序如下：

```
class OverflowException extends Exception{
//首先声明了一个自定义的异常类 OverflowException 它是继承自 Exception 的
    public void printMsg(){//定义了一个方法
        System.out.println("exception: " + this.getMessage());//显示异常信息
        this.printStackTrace();//显示跟踪堆栈的内容
        System.exit(0);      //终止程序
    }
}
public class Try7{
    public void factorial (byte k) throws OverflowException{ //抛出异常
        byte   y = 1,i;
        for (i = 1;i< = k;i + +){
            if(y>Byte.MAX_VALUE/i)
```

```
                throw new OverflowException();
                    //生成一个 OverflowException 异常抛出
                else
                    y = (byte)(y * i);
        }
        System.out.println(k + "! = " + y);
    }
    public void calc(byte k) {              //捕获并处理异常的方法
        try{
            factorial(k); //调用会抛出异常的方法
        }catch(OverflowException e){
            e.printMsg();
            //捕获异常后,调用异常对象的方法,显示异常信息并终止程序
        }
    }
    public static void main (String args[]){
        Try7 a = new Try7();
        for (byte i = 1;i<10;i++)
            a.calc(i);
    }
}
```

运行结果:

```
1! = 1
2! = 2
3! = 6
4! = 24
5! = 120
exception: null
OverflowException
        at Try7.factorial(Try7.java:14)
        at Try7.calc(Try7.java:23)
        at Try7.main(Try7.java:32)
```

可以看到提示异常是 OverflowException,是自己定义的异常类。

第 6 章 图形用户界面

本章主要介绍如何利用 Java 语言编写图形界面程序。大家在学习其他语言的时候，应该也都编写过图形界面的程序。图形用户界面便于用户与程序交互，操作方便、简单、直观。Java 语言也提供了关于设计编写图形用户界面的方法。

6.1 图形用户界面组件

图形用户界面(Graphical User Interface,GUI)使用图形方式，借助菜单、按钮等标准界面元素和键盘、鼠标操作，实现人机交互。图 6.1 所示为一个简单的图形界面。

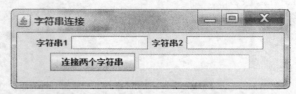

图 6.1 简单的图形界面

一般的编程工具中都会有专门的编写图形界面的工程，然后会生成窗口，其中还会有工具箱之类的辅助工具。程序员只需要将工具箱中希望添加到界面中的按钮、列表、标签等拖拽到窗口中就可以布置好相应的界面，非常简单。

在 Java 中，Java 本身并不提供这样的功能，因此这里只介绍如何用手工编写代码的方式实现图形界面设计。对于市面上其他一些公司提供的可视化编辑环境，其中有一些提供了直接拖拽生成代码、形成界面的方法，大家将来可以使用。但是本书要讲述的是 Java 本身的东西，所以会以 Java 代码的方式编写这样的图形程序。

6.1.1 AWT 和 Swing

先来看看 Java 为我们提供的编写图形界面的 API。Java 提供了两个包：一个是 AWT，一个是 Swing，用来实现图形界面编程。java.awt 包提供抽象窗口工具集（AWT）。javax.swing 包提供 JDK 1.2 的 Swing 组件，也扩展了 AWT 组件的功能。

AWT 是最早的，Swing 是在它基础上的扩展。其实这两种在编写代码时的差别不大，学会了一个，另一个也就差不多了。Swing 提供的内容要多一些。此外，AWT 称为重型组件，运行时需要与平台相关的本地组件为之服务。Swing 则不直接使用本地组件，称为轻型组件。

那么 AWT 所谓的要与平台相关的本地组件为之服务，是什么意思呢？它是指用 AWT 组件编写的程序，显示时是具有本地外观和感觉的。大家知道，不同的操作系统平台，显示窗口的风格是不同的，它们的图形界面窗口、按钮的样子有很大差别。用 AWT 编写的图形界面程序在两个平台上显示的效果是不同的，因为 AWT 是使用本地组件来显示的，而 Swing 则用 Java 自身的风格。

Swing 库是 AWT 库的扩展，提供更多特性和工具，用于建立更复杂的图形用户界面。Java 建议用 Swing 组件代替 AWT 组件。javax.swing 包提供许多接口、类和组件，Swing 组件的最大特点是所有组件都是容器。

Swing 没有完全代替 AWT，而是基于 AWT 架构之上的。Swing 仅仅提供了能力更加强大的用户界面组件，在采用 Swing 编写的程序中，还需要使用基本的 AWT 处理事件。javax.swing 包中提供的相关主要类，如图 6.2 所示。

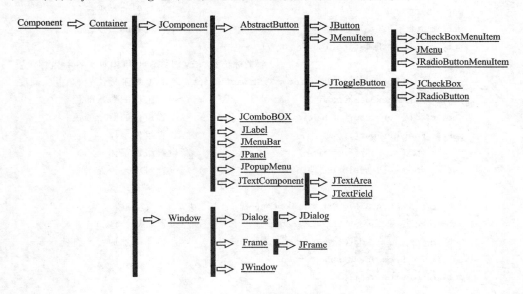

图 6.2　Java 图形界面相关类图

容器类主要包括：组件类和窗口类。组件类中包含了大量各类组件，如按钮、菜单、组合框、标签、面板、文本组件等子类。窗口类包含：对话框、框架和窗口等子类。除此之外，图形界面设计中还需要用到布局管理器、图形、图像、字体、颜色等。下面介绍其中一些主要类。

6.1.2 基本组件

1. 组件类（JComponent）

Swing提供了JComponent类，此类继承自AWT中的Component和Container，其下有众多子类。这里先要介绍两个概念：组件（Component）和容器（Container）。

① 组件：构成图形界面的基本成分和核心元素。组件类提供对组件操作的通用方法。例如，按钮，标签等。

② 容器：可以容纳其他组件的一种组件。例如，窗口。

从类结构图中可以看出，Swing提供的所有组件类都是容器。下面来看一下AWT中Component类和Container类的部分定义，其中包括了众多组件常用方法。

```
public abstract class Component extends Object
         implements ImageObserver, MenuContainer, Serializable{
    public int getWidth()                           //组件宽度
    public int getHeight()                          //组件高度
    public void setSize(int width, int height)      //宽度和高度
    public int getX()                               //组件位置的X坐标值
    public int getY()                               //组件位置的Y坐标值
    public void setLocation(int x, int y)
                                //坐标位置，x、y组件左上角相对于容器坐标位置
    public void setBounds(int x, int y, int width, int height) //坐标位置和宽度、高度
    public Color getBackground()                    //获得组件的背景颜色
    public void setBackground(Color c)              //设置组件的背景颜色
    public Font getFont()                           //获得组件字体
    public void setFont(Font f)                     //设置组件字体
    public void setVisible(boolean b)               //设置组件是否显示
}
public class Container extends Component{
    public void setLayout(LayoutManager mgr)        //设置布局管理器
    public Component add(Component comp)            //在容器中添加一个组件comp
    public void remove(Component comp)
    public void removeAll()
}
```

JComponent继承自Container类，因此其中定义的成员变量和成员方法在

JComponent 中被继承。此外，JComponent 增加了一些自己的成员方法。下面是 JComponent 类的部分定义。

```
public abstract class JComponent extendsContainer implements Serializable{
    JComponent()
    //构造方法
    protected Graphics getComponentGraphics(Graphics g)
    //返回用于绘制此组件的 graphics 对象。
    Point getPopupLocation(MouseEvent event)
    //返回在此组件坐标系统中显示弹出式菜单的首选位置。
    Point getToolTipLocation(MouseEvent event)
    //返回工具提示在此组件坐标系统中的位置。
    String getToolTipText()
    //返回通过 setToolTipText 所设置的工具提示字符串。
    Void setComponentPopupMenu(JPopupMenu popup)
    //设置此 JComponent 的 JPopupMenu。
}
```

该类是除顶层容器外所有 Swing 组件的基类。要使用继承自 JComponent 的组件，必须将该组件置于一个根为顶层 Swing 容器的包含层次结构中。顶层 Swing 容器是专门的组件，如 JFrame、JDialog，它们为其他 Swing 组件提供了绘制其自身的场所。JComponent 有很多子类书，主要讲以下子类：

JButton，JMenuItem，JCheckBoxMenuItem，JMenu，JRadioButtonMenuItem，JCheckBox，JRadioButton，JComboBox，JLabel，JMenuBar，JPanel，JPopupMenu，JSeparator，JTextArea，JTextField。

2. 窗口(JWindow)

窗口(Window)独立存在，可移动，可改变大小，有标题栏、边框，可添加菜单栏。窗口的默认布局是 BorderLayout。构造窗口时，窗口必须拥有框架、对话框或作为其所有者定义的其他窗口。图 6.3 显示了窗口在 Java 类层次结构中的位置。请仔细观察 Window 和 JWindow 的关系。

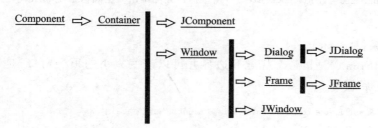

图 6.3 图形界面窗口相关类

窗口(Window)的基本定义：

```
public class Window extendsContainer implements Accessible{
    Window(Frame owner)
    //使用指定的 Frame 作为其所有者,构造一个新的不可见窗口。
    Window(Window owner)
    //使用指定 Window 作为其所有者,构造一个新的不可见窗口。
    voidtoFront()
    //如果此窗口是可见的,则将此窗口置于前端,并可以将其设为焦点窗口。
    voidsetLocationRelativeTo(Component c)
    //设置此窗口相对于指定组件的位置。
    booleanisShowing()        //检查此窗口是否显示在屏幕上。
    voidpack()                //调整此窗口的大小,以适合其子组件的首选大小和布局。
    booleanisActive()         // 返回此窗口是否为活动窗口。
}
```

JWindow 是一个容器,可以显示在用户桌面上的任何位置。它没有标题栏、窗口管理按钮或者其他与 JFrame 关联的修饰。

```
public class JWindow extendsWindow implements Accessible, RootPaneContainer{
    JWindow() //创建未指定所有者的窗口。
    JWindow(Frame owner)
    //使用指定的所有者框架创建窗口。
    JWindow(GraphicsConfiguration gc)
    //使用屏幕设备的指定 GraphicsConfiguration 创建窗口。
    JWindow(Window owner)//使用指定的所有者窗口创建窗口。
    JWindow(Window owner, GraphicsConfiguration gc)
    //使用屏幕设备的指定所有者窗口和 GraphicsConfiguration 创建窗口。
    Container getContentPane()//返回作为此窗口的 contentPane 的 Container。
    Voidremove(Component comp)//从该容器中移除指定组件。
    VoidsetContentPane(Container contentPane)//设置此窗口 contentPane 属性。
    VoidsetLayout(LayoutManager manager)//设置 LayoutManager。
    Voidupdate(Graphics g)//调用 paint(g)。
    protected   voidwindowInit()//由该构造方法调用以正确初始化 JWindow。
}
```

3. 框架(JFrame)

框架(JFrame)是指带有标题和边界并可以改变大小的顶层窗口,是 java.awt.Frame 的扩展版本。

```
public class Frame extends Window implements MenuContainer{
    public Frame()                              //构造方法
    public Frame(String title)                  //参数 title 指定框架的标题
    public String getTitle()                    //获取框架的标题
    public void setTitle(String title)          //设置或修改框架的标题
```

```
        public void setResizable(boolean resizable)    //设置框架是否可变大小
}
public class JFrame extendsFrame
            implements WindowConstants, Accessible, RootPaneContainer{
    JFrame()//构造一个初始时不可见的新窗体。
    JFrame(GraphicsConfiguration gc)
    //以屏幕设备的指定 GraphicsConfiguration 和空白标题创建一个 Frame。
    JFrame(String title)//创建一个新的、初始不可见的、具有指定标题的 Frame。
    JFrame(String title, GraphicsConfiguration gc)
    //创建一个具有指定标题和指定屏幕设备的 GraphicsConfiguration 的 JFrame。
    protected  voidframeInit() //由构造方法调用,以适当地初始化 JFrame。
    int getDefaultCloseOperation()//用户在此窗体上发起 "close" 时执行的操作。
    JMenuBar getJMenuBar()//返回此窗体上设置的菜单栏。
    Voidremove(Component comp)//从该容器中移除指定组件。
    VoidsetContentPane(Container contentPane)//设置 contentPane 属性。
    VoidsetJMenuBar(JMenuBar menubar)//设置此窗体的菜单栏。
    VoidsetLayout(LayoutManager manager)//设置 LayoutManager。
    public Container getContentPane() //内容窗格。
    public void setDefaultCloseOperation(int operation)
    //窗口关闭方式:不必编写事件处理代码,可直接使用。
}
```

其中,public void setDefaultCloseOperation(int operation)方法的参数可取如下:

① DO_NOTHING_ON_CLOSE = 0;//什么也不做
② HIDE_ON_CLOSE = 1;//隐藏窗口
③ DISPOSE_ON_CLOSE = 2;//隐藏当前窗口,释放占用资源
④ EXIT_ON_CLOSE = 3;   //结束程序运行

例如:getContentPane()的使用方法,一个框架对象 jframe。

```
jframe.getContentPane().setLayout(new GridLayout(1,2));
text_user = new JTextArea();
jframe.getContentPane().add(text_user);
```

Java 应用程序使用 JFrame 作为主窗口。默认是不可见,最小化的。JFrame 类也具有从组件类和容器类继承的方法:

```
public void setSize(int width, int height)
public void setVisible(boolean b)
public void setLocation(int x, int y)
public void  setLayout(LayoutManager mgr)
public Component  add(Component comp)
```

【例 6.1】最基本的框架例子(见图 6.4):

图 6.4　图形界面基本 JFrame 框架实现

程序如下：
```
import javax.swing.*;
import java.awt.*;
public class FirstFrame{
    public static void main(String arg[]){
        JFrame f = new JFrame("图形界面框架");    //创建框架并设置标题
        f.setSize(280,150);                      //框架大小
        f.setBackground(Color.lightGray);        //框架背景颜色
        f.setVisible(true);                      //显示框架
    }
}
```

程序说明：本程序显示了如何实现一个框架。

4. 对话框(JDialog)

对话框(JDialog)比较简单，没有过多控制元素，如图 6.5 所示。JDialog 是一个带标题和边界的顶层窗口，一般用于从用户处获得某种形式的输入。JDialog 的大小包括边界所指定的任何区域。对话框不能作为应用程序的主窗口，它依赖于一个框架窗口存在。对话框可设置为：模式和无模式。

图 6.5　对话框(JDialog)实现

对话框 Dialog 类声明：
```
public class Dialog extends Window {
    public Dialog(Frame owner)    //owner 指明拥有对话框的框架
    public Dialog(Frame owner, String title)    //title 是对话框的窗口标题
    public Dialog(Frame owner, boolean modal)   //modal 指明该对话框是否为模式窗口
    public Dialog(Frame owner, String title, boolean modal)
}
```

对话框 JDialog 类声明：

public class JDialog extends Dialog
                  implementsWindowConstants, Accessible, RootPaneContainer{
    JDialog()//创建一个没有标题并且没有指定 Frame 所有者的无模式对话框
    JDialog(Dialog owner)
    //创建一个没有标题但将指定的 Dialog 作为其所有者的无模式对话框
    JDialog(Dialog owner, boolean modal)
    //创建一个没有标题但有指定所有者对话框的有模式或无模式对话框
    JDialog(Dialog owner, String title)
    //创建一个具有指定标题和指定所有者对话框的无模式对话框
    JDialog(Dialog owner, String title, boolean modal)
    //创建一个具有指定标题和指定所有者对话框的有模式或无模式对话框
    JDialog(Frame owner)
    //创建一个没有标题但将指定的 Frame 作为其所有者的无模式对话框
    JDialog(Frame owner, boolean modal)
    //创建一个没有标题但有指定所有者 Frame 的有模式或无模式对话框
    JDialog(Frame owner, String title)
    //创建一个具有指定标题和指定所有者窗体的无模式对话框
    JDialog(Frame owner, String title, boolean modal)
    //创建一个具有指定标题和指定所有者 Frame 的有模式或无模式对话框
    protected   voiddialogInit()//构造方法调用此方法来正确初始化 JDialog
    Container getContentPane()//返回此对话框的 contentPane 对象
    IntgetDefaultCloseOperation()//用户在发起 "close" 时所执行的操作
    Voidremove(Component comp)//从该容器中移除指定组件
    Void setContentPane(Container contentPane)//设置 contentPane 属性
    VoidsetDefaultCloseOperation(int operation)
    //设置当用户在此对话框上发起 "close" 时默认执行的操作
    VoidsetJMenuBar(JMenuBar menu)//设置此对话框的菜单栏
    VoidsetLayout(LayoutManager manager)//设置 LayoutManager
    Voidupdate(Graphics g)//调用 paint(g)
}

5．面板(JPanel)

面板(JPanel)不能独立存在，必须在一个容器中；没有标题，没有边框，不能添加菜单栏。窗口可以包含多个面板，面板可以包含多个面板。窗口一般作为主应用程序的主体，而面板一般是与布局管理器配合使用，从而形成复杂的窗口布局。面板＋布局管理器＝复杂布局。

    public class JPanel extendsJComponent implements Accessible{
        JPanel()//创建具有双缓冲和流布局的新 JPanel
        JPanel(boolean isDoubleBuffered)
        //创建具有 FlowLayout 和指定缓冲策略的新 JPanel

JPanel(LayoutManager layout)//创建具有指定布局管理器的新缓冲 JPanel

JPanel(LayoutManager layout, boolean isDoubleBuffered)

//创建具有指定布局管理器和缓冲策略的新 JPanel

}

6. 标签(JLabel)

标签(JLabel)用于显示短文本字符串、图像,或同时显示二者。标签不对输入事件做出反应。因此,它无法获得键盘焦点。但是,标签可以为具有键盘替换功能却无法显示的邻近组件方便地显示其键盘替换功能。可以通过设置垂直和水平对齐方式,指定标签显示区中标签内容在何处对齐。默认情况下,标签在其显示区内垂直居中对齐。默认情况下,只显示文本的标签是开始边对齐,而只显示图像的标签则水平居中对齐。

```
public class JLabel extendsJComponent implements SwingConstants, Accessible{
    public static final int LEFT = 0;           //左对齐,默认值
    public static final int CENTER = 1;         //居中
    public static final int RIGHT = 2;          //右对齐
    public JLabel()
    public JLabel(String text)                  //text 指定显示字符串
    public JLabel(String text, int alignment)   //alignment 指定对齐方式
    public String getText()                     //获得显示字符串
    public void setText(String text)            //设定显示字符串
}
```

7. 文本行(JTextField)

文本行(JTextField)是单行文本编辑框,用于输入一行文字。

```
public class JTextField extendsJTextComponent implements SwingConstants{
    public JTextField()
    public JTextField(String text)
    public JTextField(int columns)
    public JTextField(String text, int columns) //text 指定内容,columns 指定列数
}
public abstract class JTextComponent extendsJComponent
implementsScrollable, Accessible{
    public String getText()                     //获得文本行中的内容
    public void setText(String t)               //设置文本行中的内容
    public void setEditable(boolean b)          //设置文本行是否可编辑
}
```

8. 按钮(JButton)

按钮(JButton)被用于执行一定的操作。

```
public class JButton extendsAbstractButton implements Accessible{
    public JButton()//构造方法
    public JButton(String label)//label 指定按钮的标签
    public String getLabel()
    public void setLabel(String label )
}
```

【例 6.2】窗口的布局为：在窗口中依次放入标签、文本行、按钮，图形界面如图 6.6 所示。

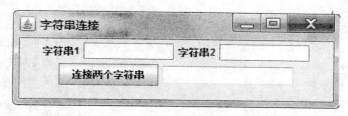

图 6.6　字符串连接程序界面

程序如下：

```
import java.awt.*;
import javax.swing.*;
public classStringJFrame extends JFrame{
    publicStringJFrame(){
        super("字符串连接");
        this.setSize(400,100);                              //设置框架尺寸
        this.setBackground(java.awt.Color.lightGray);       //设置框架背景颜色
        this.setLocation(300,240);                          //框架显示在屏幕的位置
        Container jframe_content = this.getContentPane();   //返回 JFrame 的内容窗格
        jframe_content.setLayout(new java.awt.FlowLayout());//框架流布局
        jframe_content.add(new JLabel("字符串 1"));          //创建标签,添加到框架上
        jframe_content.add(new JTextField(10));             //创建文本行
        jframe_content.add(new JLabel("字符串 2"));
        jframe_content.add(new JTextField (10));            //创建文本行
        jframe_content.add(new JButton("连接两个字符串"));    //创建按钮
        jframe_content.add(new TextField (20));
        this.setVisible(true);                              //显示框架
    }
    public static void main(String arg[]){
        newStringJFrame ();
    }
}
```

9. 颜色(Color)

Color 类用于封装默认 sRGB 颜色空间中的颜色，或者用于封装由 ColorSpace 标识的任意颜色空间中的颜色。每种颜色都有一个隐式的 alpha 值 1.0，或者有一个在构造方法中提供的显式的 alpha 值。alpha 值定义了颜色的透明度，可用一个在 0.0～1.0 或 0～255 范围内的浮点值表示。alpha 值为 1.0 或 255 则意味着颜色是完全不透明的，alpha 值为 0 或 0.0 则意味着颜色是完全透明的。在使用显式的 alpha 值构造 Color 时，或者在获得某个 Color 的颜色/alpha 分量时，从不将颜色分量预乘 alpha 分量。

```java
public class Color implements Paint, java.io.Serializable{
    public Color(int r, int g, int b);          //以三元色值构造对象
    public Color(int rgb);                      //以 RGB 值构造对象
    public int getRed();                        //返回红色值
    public int getGreen();                      //返回绿色值
    public int getBlue();                       //返回蓝色值
    public int getRGB();                        //返回颜色的 RGB 值
    public Color brighter();                    //使颜色变浅
    public Color darker();                      //使颜色变深
}
```

10. 字体(Font)

Font 类表示字体，用来以可见方式呈现文本。字体提供将字符序列映射到字形序列所需要的信息，以便在 Graphics 对象和 Component 对象上呈现字形序列。

```java
public class Font implements java.io.Serializable{
    public static final int PLAIN = 0;          //常规
    public static final int BOLD = 1;           //粗体
    public static final int ITALIC = 2;         //斜体
    public Font(String name, int style, int size);  //字体名、字形、字号
    public String getName();                    //返回字体名称
    public int getSize();                       //返回字体大小
    public int getStyle();                      //返回粗、斜体值
}
```

6.2 布局管理器

布局管理器：对图形界面进行布局，对其中的组件进行相对定位。容器里组件的位置和大小由布局管理器来决定。Java 提供了很多种布局管理器。已知实现类包括 BorderLayout, BoxLayout, CardLayout, DefaultMenuLayout, FlowLayout, GridBagLayout, GridLayout, OverlayLayout, ScrollPaneLayout, SpringLayout, ViewportLayout 等。

Java 为基本的容器配有默认的布局管理器,窗口类的默认布局管理器是 BorderLayout 边布局管理器,面板类的默认布局管理器是 FlowLayout 流布局管理器。

本节主要介绍 FlowLayout,BorderLayout,GridLayout 和 CardLayout 四种布局管理器。在学习这几种布局管理器的基础上,可以进一步学习其他的布局管理器,从而可以设计出各种界面布局的图形界面程序。

6.2.1　FlowLayout 流布局管理器

流布局管理器的布局规则:按行布局组件,将组件按从左至右顺序一行一行排列,一行放满再放下一行。组件保持自己的大小,组件位置随容器大小改变。FlowLayout 不强行设定组件大小。图 6.7 显示了给使用了此布局管理器的容器中添加组件后,组件的放置情况。

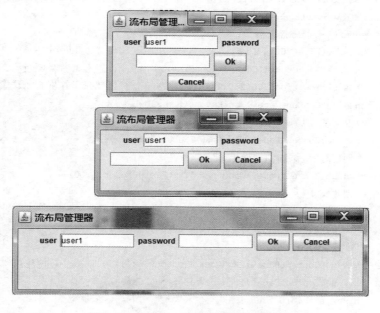

图 6.7　FlowLayout 流布局管理器界面

FlowLayout 的类定义:

```
public class FlowLayout implements LayoutManager, java.io.Serializable {
    public static final int LEFT   = 0;      //左对齐
    public static final int CENTER = 1;      //居中
    public static final int RIGHT  = 2;      //右对齐
    public FlowLayout()                      //构造方法,默认居中
    public FlowLayout(int align)             //align 参数指定对齐方式
    public FlowLayout(int align, int hgap, int vgap)
```

//hgap、vgap 参数指定组件之间水平和垂直间距(像素)
}

向容器中添加布局管理器的方法是：

    public void setLayout(LayoutManager mgr);   //设置布局管理器

向容器中添加组件的方法是：

    public Component add(Component comp);

【例 6.3】FlowLayout 流布局管理器的使用。
程序如下：

```
import java.awt.*;
import javax.swing.*;
public class FlowLayoutFrame extends JFrame{
    public FlowLayoutFrame()    {
        super("流布局管理器");
        this.setSize(200,120);                              //设置框架尺寸
        this.setBackground(Color.lightGray);                //设置框架背景颜色
        this.setLocation(300,240);                          //框架显示在屏幕的位置
        this.getContentPane().setLayout(new FlowLayout());
        //框架流布局,居中
        this.getContentPane().add(new JLabel("user"));
        //创建标签,添加到框架上
        this.getContentPane().add(new JTextField("user1",10));
        //创建文本行
        this.getContentPane().add(new JLabel("password"));
        this.getContentPane().add(new JTextField(10));
        //创建 10 列的文本行
        this.getContentPane().add(new JButton("Ok"));       //创建按钮
        this.getContentPane().add(new JButton("Cancel"));
        this.setVisible(true);                              //显示框架
    }
    public static void main(String arg[])    {
        new FlowLayoutFrame();
    }
}
```

6.2.2 BorderLayout 边布局管理器

边布局管理器的布局规则：将容器划分为 5 个区域；一个组件占满所在区域；组件大小随窗口变化；当向一个区域添加多个组件时，最后添加的将覆盖先添加的组

件;如果某区域没添加组件,中心区域将向其扩张。

可以对容器组件进行安排,并调整其大小,使其符合五个区域:南、北、东、西和中间区域。每个区域最多只能包含一个组件,并通过相应的常量进行标识:NORTH、SOUTH、EAST、WEST 和 CENTER。当使用边界布局将一个组件添加到容器中时,要使用这五个常量之一。

根据其首选大小和容器大小的约束(Constraints)对组件进行布局。NORTH 和 SOUTH 组件可以在水平方向上拉伸;而 EAST 和 WEST 组件可以在垂直方向上拉伸;CENTER 组件在水平和垂直方向上都可以拉伸,从而填充所有剩余空间。

显示了向使用了此布局管理器的容器中各个区域中添加了按钮后,按钮的放置情况。注意:BorderLayout 各区域组件大小由系统设定,当不写组件放置位置时,默认为 Center。

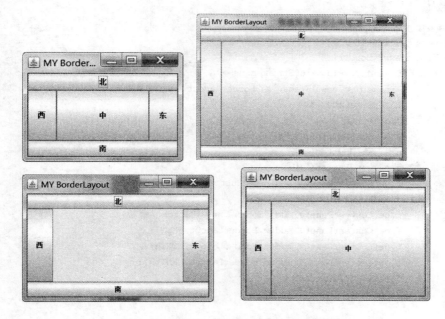

图 6.8　BorderLayout 边布局管理器界面

BorderLayout 的类定义:

```
public class BorderLayout implements LayoutManager2, java.io.Serializable {
    public static final String NORTH   = "North";
    public static final String SOUTH   = "South";
    public static final String EAST    = "East";
    public static final String WEST    = "West";
    public static final String CENTER  = "Center";
    public BorderLayout()  //组件之间的间距为 0 像素
    public BorderLayout(int hgap, int vgap)
```

//参数指定组件之间水平和垂直的间距(像素)
}

向容器中添加布局管理器的方法是：

public void setLayout(LayoutManager mgr) //设置布局管理器

向容器中添加组件的方法是：

public Component add(String name, Component comp);
public void add(Component comp, Object cont)

【例6.4】图6.8的实现程序，读者可以试着修改此程序，体会边布局管理器的布局方式。

程序如下：

```
import java.awt.*;
import javax.swing.*;
public class MyBorder{
    public static void main(String args[])    {
        JFrame f = new JFrame("MY BorderLayout");//默认布局是 BorderLayout
        f.setSize(200,150);
        JButton w,n,c;                          //新建按钮组件
        w = new JButton("西");
        n = new JButton("北");
        c = new JButton("中");
        f.getContentPane().add(new JButton("东"),BorderLayout.EAST);
        //框架东部摆放按钮
        f.getContentPane().add("South",new JButton("南"));
        f.getContentPane().add(w,BorderLayout.WEST);
        f.getContentPane().add(n,BorderLayout.NORTH);
        f.getContentPane().add(c,BorderLayout.CENTER);
        f.setVisible(true);
    }
}
```

6.2.3 GridLayout 网格布局管理器

网格布局管理器的布局规则：将容器划分为大小相等的若干行和列的网格；组件从左至右，从上到下依次放入网格；一个组件占满一格；组件大小随窗口变化；如果组件个数多于网格个数，网格自动增加；如果组件个数少于网格个数，无用的将空置。当向一个区域添加多个组件时，新添加的将抢占此位置，原有组件移向下一个位置。图6.9显示了向使用了此布局管理器的容器中各个区域中添加了按钮后，按钮的放置情况。

GridLayout 的类定义：

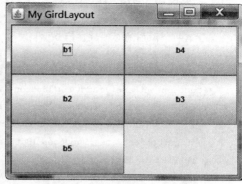

图 6.9 GridLayout 网格布局管理器界面

```
public class GridLayout implements LayoutManager, java.io.Serializable {
    public GridLayout()//构造方法
    public GridLayout(int rows, int cols) //参数指定行、列
    public GridLayout(int rows, int cols, int hgap, int vgap)
            //后两个参数指定组件之间水平和垂直的间距(像素)
}
```

通过构造方法或 setRows 和 setColumns 方法将行数和列数都设置为非零值时,指定的列数将被忽略。列数通过指定的行数和布局中的组件总数来确定。例如,如果指定了三行和两列,在布局中添加了九个组件,则它们将显示为三行三列。仅当将行数设置为零时,指定列数才对布局有效。

向容器中添加布局管理器的方法是:

```
public void setLayout(LayoutManager mgr)        //设置布局管理器
```

向容器中添加组件的方法是:

```
public Component add(Component cp, int index)   //添加组件
public Component add(Component cp);             //添加组件
```

【例 6.5】图 6.9 的实现程序,读者可以试着修改此程序,体会 GridLayout 布局管理器的布局方式。

程序如下:

```
import java.awt.*;
import javax.swing.*;
public class MyGrid{
    public static void main(String args[]) {
        JFrame f = new JFrame("My GirdLayout");
        f.setSize(200,150);
        f.getContentPane().setLayout(new GridLayout(3,2));
```

```
    //网格布局,左右分隔窗口
    f.getContentPane().add(new JButton("b1"));
    //第一个添加的必须放在第 0 位!!
    f.getContentPane().add(new JButton("b2"));
    f.getContentPane().add(new JButton("b3"));
    f.getContentPane().add(new JButton("b4"),1);
    f.getContentPane().add(new JButton("b5"));
    //f.getContentPane().add(new JButton("b6"));
    // f.getContentPane().add(new JButton("b7"));
    f.setVisible(true);
    }
}
```

6.2.4 CardLayout 卡片布局管理器

CardLayout 对象是容器的布局管理器。它将容器中的每个组件看作一张卡片。一次只能看到一张卡片,而容器充当卡片的堆栈。当容器第一次显示时,第一个添加到 CardLayout 对象的组件为可见组件。卡片的顺序由组件对象本身在容器内部的顺序决定。CardLayout 定义了一组方法,这些方法允许应用程序按顺序浏览这些卡片,或者显示指定的卡片。addLayoutComponent(java.awt.Component,java.lang.Object) 方法可用于将一个字符串标识符与给定卡片相关联,以便进行快速随机访问。

图 6.10 所示是在卡片布局管理器中,每个卡片上放置了一个按钮,来让大家感受一下卡片布局管理器中组件放置的特点,整个组件充满了一张卡片。

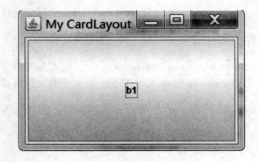

图 6.10 CardLayout 卡片布局管理器界面

```
public class CardLayout extends Object implements LayoutManager2, Serializable{
    public CardLayout()//创建一个间隙大小为 0 的新卡片布局。
    public CardLayout(int hgap, int vgap)
    //创建一个具有指定的水平和垂直间隙的新卡片布局。
    public int getHgap()//获得组件之间的水平间隙。
    public void setHgap(int hgap)//设置组件之间的水平间隙。
```

```
public int getVgap()//获得组件之间的垂直间隙。
public void setVgap(int vgap)//设置组件之间的垂直间隙。
public void addLayout Component(Component comp, Object constraints)
//将指定的组件添加到此卡片布局的内部名称表。
public void removeLayoutComponent(Component comp)
//从布局中移除指定的组件。
publicDimension preferredLayoutSize(Container parent)
//使用此卡片布局确定容器参数的首选大小。
publicDimension minimumLayoutSize(Container parent)
//计算指定面板大小的最小值。
publicDimension maximumLayoutSize(Container target)
//给出指定目标容器中的组件,返回此布局的最大维数。
public float getLayoutAlignmentY(Container parent)
//返回沿 y 轴的对齐方式。这指定了如何相对于其他组件来对齐该组件。
public void invalidateLayout(Container target)
//使布局无效,指示如果布局管理器缓存了信息,则应该将其丢弃。
public void layoutContainer(Container parent)
//使用此卡片布局布置指定的容器。
public void first(Container parent)//翻转到容器的第一张卡片。
public void next(Container parent)//翻转到指定容器的下一张卡片
public void previous(Container parent)//翻转到指定容器的前一张卡片。
public void last(Container parent)//翻转到容器的最后一张卡片。
public void show(Container parent, String name)
//翻转到已添加到此布局(使用 addLayoutComponent)的具有指定 name 的组件。如果
//不存在这样的组件,则不发生任何操作。
}
```

addLayout Component(Component comp, Object constraints) constraints 指定的对象必须是一个字符串。卡片布局将此字符串作为一个键-值对存储起来,该键-值对可用于对特定卡片的随机访问。通过调用 show 方法,应用程序可以显示具有指定名称的组件。

getLayoutAlignmentY(Container parent)返回沿 y 轴的对齐方式。这指定了如何相对于其他组件来对齐该组件。返回值应该在 0 和 1 之间,其中 0 表示沿原点对齐组件,1 表示从离原点最远的地方对齐,0.5 表示从中间对齐,等。

向容器中添加布局管理器的方法是:

```
public void setLayout(LayoutManager mgr) //设置布局管理器
```

向容器中添加组件的方法是:

```
public Component add(Component cp, int index)//添加组件
public Component add(Component cp); //添加组件
```

【例 6.6】 图 6.10 的实现程序，读者可以试着修改此程序，体会 CardLayout 布局管理器的布局方式。

程序如下：

```
import java.awt.*;
import javax.swing.*;
public class MyCard{
    public static void main(String args[]) {
        JFrame f = new JFrame("My CardLayout");
        f.setSize(200,150);
        f.getContentPane().setLayout(new CardLayout(3,3));
         //网格布局,左右分隔窗口
        f.getContentPane().add(new JButton("b1"),"s1");
        f.getContentPane().add(new JButton("b2"),"s2");
        f.setVisible(true);
    }
}
```

在程序内部就由 S1 和 S2 代表两个卡片界面。

6.3 事件处理

Java 程序运行时，用户在界面上进行某种操作，系统捕获这些操作，产生相应的事件对象，将执行相应的事件处理程序，即将此事件对象交给用户指定的委托程序进行处理，从而实现用户操作希望实现的功能。一个组件能响应的事件是有约定的。例如，Button 能响应单击事件。

Java 的事件处理中涉及一些关键概念。

① 事件(event)：指一个状态的改变，或者一个活动的发生。例如，单击一个按钮，将产生单击事件等。

② 事件类：不同的事件封装成不同的事件类。例如，窗口事件类(WindowEvent)、单击事件类(ActionEvent)等。

③ 事件源：产生事件的组件称为事件源。

6.3.1 事件类

Java 把用户各种操作所产生的事件，定义成不同的事件类，图 6.11 中只列出了主要的常用的一些事件类。

在事件类的超类 EventObject 中定义了常用的对事件进行描述的方法，这里介绍一个主要方法：

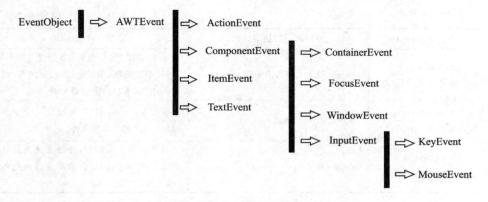

图 6.11 AWT 事件类及其层次结构

```
public class EventObject implements java.io.Serializable {
    public Object getSource()              //返回产生事件的事件源组件
    public String toString()               //返回事件对象信息
}
```

在不同的事件类子类中又定义了针对不同事件的各种获得信息的方法。以单击事件为例，ActionEvent 类的主要方法：

```
public class ActionEvent extends AWTEvent {
    public String getActionCommand()       //获得按钮的标签
}
```

6.3.2 事件监听器接口

Java 为每个事件类都提供了对应的接口，称为事件监听器接口。接口中声明了一个或多个抽象的事件处理方法，对应处理相应事件类中的不同事件。表 6.1 给出了常用的事件监听器接口，以及接口中的方法，和方法对应处理的具体事件。

表 6.1 事件监听器接口表

事件监听器接口	接口声明的抽象方法	触发事件的操作
WindowsListener 窗口事件监听器接口	windowOpened(WindowEvent e)	打开窗口时
	windowClosing(WindowEvent e)	关闭窗口时
	windowClosed(WindowEvent e)	关闭窗口后
	windowIconified(WindowEvent e)	窗口最小化时
	windowDeiconified(WindowEvent e)	窗口恢复时
	windowActivated(WindowEvent e)	激活窗口时
	windowDeactivated(WindowEvent e)	窗口变为不活动时

续表 6.1

事件监听器接口	接口声明的抽象方法	触发事件的操作
ActionListener 动作事件监听器接口	actionPerformed(ActionEvent e)	单击按钮、菜单项,文本行中"回车"键,选中复选框、单选框,组合框选择,组合框中"回车"键,定时器定时
CaretListener 文本编辑事件监听器接口	caretUpdate(CaretEvent e)	在文本区中编辑时,每操作一个字符触发一次"文本编辑事件"
ItemListener 选择事件监听器接口	itemStateChanged(ItemEvent e)	当点击选项按钮时,会触发选项按钮的"选择事件";在组合框中选择数据项时,会触发"选择事件"

下面通过窗口事件来看看这三者之间的关系,以及给出如何实现事件处理的过程。例如:窗口事件类 WindowEvent 对应于 WindowListener 事件监听器接口,窗口事件有很多,对应 WindowListener 接口中定义的多个方法。如,窗口事件中包括:

打开窗口事件对应于接口中 windowOpened(WindowEvent e)方法

关闭窗口后事件对应于接口中 windowClosed(WindowEvent e)方法

激活窗口事件对应于接口中 windowActivated(WindowEvent e)方法

……

这种对应关系很重要,并且是固定的。

WindowEvent 类对应 WindowListener 接口,一个具体的窗口事件对应接口中一个事件的处理方法。这个事件的功能就由这个方法中的代码处理实现,例如:

① 当窗口打开时,要发生什么事,就写在对应的事件处理方法中;

② 当单击按钮时,要发生什么事,就写在对应的事件处理方法中;

但是我们知道事件处理方法是定义在接口中的,是不可以写方法体的。那么如何实现呢?如,窗口事件监听接口 WindowListener 的定义:

```
public interface WindowListener extends EventListener{
    public void windowOpened(WindowEvent e);
    public void windowClosing(WindowEvent e);
    public void windowClosed(WindowEvent e);
    public void windowIconified(WindowEvent e);
    public void windowDeiconified(WindowEvent e);
    public void windowActivated(WindowEvent e);
    public void windowDeactivated(WindowEvent e);
}
```

可以通过自定义实现窗口事件监听接口 WindowListener 的类来实现,例如:

```
public class Wel implements WindowListener{
    public void windowOpened(WindowEvent e) {…}
    public void windowClosing(WindowEvent e) {…}
```

```
    public void windowClosed(WindowEvent e){…}
    public void windowIconified(WindowEvent e){…}
    public void windowDeiconified(WindowEvent e){…}
    public void windowActivated(WindowEvent e){…}
    public void windowDeactivated(WindowEvent e){…}
}
```

Wel 实现了 WindowListener 接口,就可以在 Wel 类中相关的抽象方法里写入对应事件的功能程序代码。那么 Wel a=new Wel();a 就是一个窗口事件监听器。事件监听器就是指一个实现了相应接口的类的对象实例。

6.3.3 委托事件模型

窗口事件监听器要与相关窗口产生联系,Java 中采用所谓的注册方式,就是通过调用相关方法进行注册,如:frame.addWindowListener(a);将窗口 frame 的所有窗口事件委托给 a 处理。可以定义多个实现 WindowListener 接口的类,就可以有多种窗口事件的监听器,每个监听器在处理窗口各种事件时,可能是不同的,那么一个窗口用哪个监听器的功能,就将这个监听器通过注册的方式与这个窗口联系在一起,也就是委托。

所以整个事件委托模型的处理过程就是:①根据用户的操作确定事件类,根据事件类确定事件监听接口,定义实现事件监听接口的类;②实例化这个类的一个对象;③通过注册方法将发生这个事件的组件与这个对象联系起来,即一个组件对象可能发生的一类事件委托给实现了这类事件监听接口的类对象实例。

注册不同的监听器有不同的方法,Java 在不同组件类中声明了响应特定事件的注册方法。以 Button 为例,事件源组件注册事件监听器的定义:

```
public class Button extends Component implements Accessibl{
    public void addActionListener(ActionListener l) //注册单击事件监听器
    public void removeActionListener(ActionListener l)
    //取消注册单击事件监听器
}
```

单击事件监听接口 ActionListener 的定义:

```
public interface ActionListener extends EventListener {
    public void actionPerformed(ActionEvent e);   //单击事件处理方法
}
```

下面以单击按钮为例进一步进行说明:按钮可以响应单击事件 ActionEvent,单击事件 ActionEvent 对应的事件监听接口是 ActionListener,因此要定义一个实现 ActionListener 接口的类,例如 Test,然后在 Test 中将单击按钮会产生的功能代码写入对应的事件处理方法 actionPerformed(ActionEvent e)中。

(1) 事件处理方法
```
class Test implements ActionListener{        //单击事件处理方法
        public void actionPerformed(ActionEvent e){…}//编写代码实现功能
}
```
其中,Test 自定义实现监听接口的类。ActionListener 是 Java 给定的监听接口,actionPerformed(ActionEvent e) Java 给定的监听接口中的方法。

(2) 事件源组件注册事件监听器

`Test te = new Test();//生成事件监听器`

`button.addActionListener(te);       //进行注册!事件监听器!`

button 是一个具体的按钮,当用户单击 button 按钮后,将执行 te 所属的类 Test 中 actionPerformed(ActionEvent e)方法的功能。

实现了监听接口的对象都可以做委托对象,在注册时指明一旦产生事件,执行哪个委托对象中的相应方法,例如:b.addActionListener(a),组件 b 注册单击事件类 ActionListener,指明 a 是委托对象,a 是实现了单击事件接口的类的对象,当单击了 b 组件,执行 a 中实现的接口中的相应方法。

【例 6.7】字符串连接程序窗口:实现在第一个文本行中输入字符串,在第二个文本行中输入字符串,点击按钮"连接两个字符串",可以将两个字符串连接起来,显示在第三个文本行中。

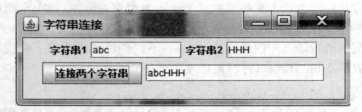

图 6.12 字符串连接程序窗口

程序如下:

```
import java.awt.*;
import java.awt.event.*;
import javax.swing.*;
public class StringJFrameV extends JFrame implements ActionListener{
    JTextField s1,s2,s3;
    JButton b;
    public StringJFrameV(){
        super("字符串连接");
        this.setSize(400,100);                          //设置框架尺寸
        this.setBackground(java.awt.Color.lightGray);   //设置框架背景颜色
```

```
    this.setLocation(300,240);                    //框架显示在屏幕的位置
    //this.setDefaultCloseOperation(EXIT_ON_CLOSE);
    //单击窗口关闭按钮时,结束程序运行
    Container jframe_content = this.getContentPane();//返回 JFrame 的内容窗格
    jframe_content.setLayout(new java.awt.FlowLayout());   //框架流布局
    jframe_content.add(new JLabel("字符串 1"));   //创建标签,添加到框架上
    s1 = new JTextField(10);
    jframe_content.add(s1);        //创建文本行
    jframe_content.add(new JLabel("字符串 2"));
    s2 = new JTextField (10);
    jframe_content.add(s2);    //创建文本行
    b = new JButton("连接两个字符串");
    b.addActionListener(this);
    jframe_content.add(b);            //创建按钮
    s3 = new JTextField (20);
    jframe_content.add(s3);
    this.addWindowListener(new WinClose());
//为框架注册窗口事件监听器,委托 WinClose 类的对象处理事件
    this.setVisible(true);                //显示框架
    }
    public void actionPerformed(ActionEvent e)   //按钮的单击事件处理方法
    {                                 //实现 ActionListener 接口中的方法
      s3.setText(s1.getText() + s2.getText());
    }
    public static void main(String arg[]){
        new StringJFrameV ();
    }
}
class WinClose implements WindowListener{
    public void windowClosing(WindowEvent e) {
    //单击窗口关闭按钮时触发并执行,实现 WindowListener 接口中的方法
        System.exit(0);                //结束程序运行
    }
    public void windowOpened(WindowEvent e)         {   }
    public void windowActivated(WindowEvent e)      {   }
    public void windowDeactivated(WindowEvent e)    {   }
    public void windowClosed(WindowEvent e)         {   }
    public void windowIconified(WindowEvent e)      {   }
    public void windowDeiconified(WindowEvent e)    {   }
}
```

程序说明:在本程序中有两种窗口关闭按钮实现窗口关闭的方法,一种是 this.

Java语言程序设计基础

setDefaultCloseOperation(EXIT_ON_CLOSE)语句;另一种是实现窗口事件监听,处理窗口关闭的方法,首先注册窗口监听事件 this.addWindowListener(new WinClose()),然后定义 WinClose 类实现 WindowListener 监听接口,在其中实现 windowClosing(WindowEvent e)方法功能实现窗口关闭。这两种方法的区别是当窗口关闭过程中没有其他操作时,就可以简单地使用第一种方法。当窗口关闭过程中需要有特殊处理时,可以用第二种方法,在处理方法中写出处理内容。

6.3.4 事件适配器类

从例 6.7 可以看到对于窗口事件,其监听接口 WindowListener 中有多个抽象方法,而对于例 6.7,其中只用了一个事件处理方法,而那些不用的抽象方法在实现此接口的类中也要写出,这显然增加了程序员不必要的编程负担。因此 Java 提供了事件适配器类来解决这个问题。

```
public abstract class WindowAdapter
    implements WindowListener, WindowStateListener, WindowFocusListener{
    public void windowOpened(WindowEvent e) {}
    public void windowClosing(WindowEvent e) {}
    public void windowClosed(WindowEvent e) {}
    public void windowIconified(WindowEvent e) {}
    public void windowDeiconified(WindowEvent e) {}
    public void windowActivated(WindowEvent e) {}
    public void windowDeactivated(WindowEvent e) {}
    public void windowStateChanged(WindowEvent e) {}
    public void windowGainedFocus(WindowEvent e) {}
    public void windowLostFocus(WindowEvent e) {}
}
```

对【例 6.7】进行修改,结果如下,可以看到代码简化很多。

```
class WinClose extends WindowAdapter{
    //定义监听器时继承相应的适配器类代替实现相应的接口
    public void windowClosing(WindowEvent e){
        System.exit(0);
    }
}
```

6.4 高级组件及事件

6.4.1 文本组件

1. 文本区(JTextArea)

文本区是指可以编辑多行文本信息的组件。

```
public class JTextArea extends JTextComponent {
    public JTextArea()
    public JTextArea(String text)       //参数 text 指定初始显示文本
    public JTextArea(int rows, int columns)    //rows、columns 指定行数和列数
    public JTextArea(String text, int rows, int columns)
    public void append(String t) //追加
    public void insert(String t, int ptr)//插入
}
```

从文本组件继承的方法：

```
public String getText()            //获得文本中的内容
public void setText(String t)      //设置文本中的内容
public void setEditable(boolean b) //设置文本是否可编辑
public boolean isEditable()        //判断文本是否可编辑
public void cut()   //剪切
public void copy()  //拷贝
public void paste() //粘贴
```

2. 文本区的事件处理

文本区中允许输入多行，按回车时不触发单击事件类 ActionEvent 事件，而是编辑时，每操作一个字符触发一次"文本编辑事件"。文本区注册"文本编辑事件"监听器的方法：

```
public void addCaretListener(CaretListener l)
```

"文本编辑事件"监听器接口和处理方法：

```
public interface CaretListener extends EventListener{
        public void caretUpdate(CaretEvent e);
}
```

6.4.2 按钮组件

1. 复选框(JCheckBox)：多项选择

```
    public JCheckBox()
    public JCheckBox(String text)
    public JCheckBox(String text, boolean selected)
```

2. 单选按钮(JRadioButton)：单项选择
```
public JRadioButton()
```

```
public JRadioButton(String text)
public JRadioButton(String text, boolean selected)
```

由于单选按钮是在一组单选按钮中互斥的被选择的,因此要能够划分哪些单选按钮是一组的从而实现它们之间的互斥。Java 提供了按钮组类(ButtonGroup)来实现这个功能,将单选按钮划分到相关逻辑组中。

```
public ButtonGroup()
public void add(AbstractButton b)        //添加按钮
public void remove(AbstractButton b)
```

3. 选项按钮的选择事件处理

当点击选项按钮时,会触发选项按钮的"选择事件"。选项按钮注册"选择事件"监听器的方法:public void addItemListener(ItemListener l)

"选择事件"监听器接口和处理方法:

```
public interface ItemListener extends EventListener{
    public void itemStateChanged(ItemEvent e);
}
```

6.4.3 组合框组件

1. 组合框(JComboBox)

组合框:可以放置多个可选择对象,通过组件右侧向下按钮,可以显示组合框内容。

```
public JComboBox()
public JComboBox(final Object items[]) //数据项对象数组
public void addItem(Object anObject)//添加数据项
public Object getSelectedItem() //返回选中数据项对象
public int getSelectedIndex() //返回选中数据项索引
```

2. 组合框事件处理

在组合框中选择数据项,或在文本行中单击回车,都触发单击事件。此外,在组合框中选择数据项时,还会触发"选择事件",注册"选择事件"监听器的方法:public void addItemListener(ItemListener aListener)

选择事件监听器接口和处理方法:

```
public interface ItemListener extendsEventListener{
    public void itemStateChanged(ItemEvent e) ;
}
```

【例 6.8】用户信息管理:管理学生信息,包括学生学号、姓名、性别、所在学院、专业信息,通过单击"添加"按钮,将学生信息添加到文本区中。框架窗口采取关闭时结束程序运行方式。使用单选按钮设置性别,通过组合框选择学院和专业,当学院选择改变时,对应的专业组合框内容也会发生相应变化。当选择了"粗体""斜体"时,文本区中文字字体发生相应变化,如图 6.13 所示。

图 6.13　用户信息管理程序窗口

程序如下:
```java
import java.awt.*;
import java.awt.event.*;
import javax.swing.*;
public class UserJFrame  extends JFrame  implements ActionListener,ItemListener{
    private int number = 1;
    private JTextField text_number,text_name;
    private JRadioButton radiobutton_male,radiobutton_female;
    private JComboBox combobox_college,combobox_major;
    private JCheckBox checkbox_bold,checkbox_italic;
    private JButton button_add;
    private JTextArea text_user;
    public UserJFrame(){
        super("用户信息管理");
        this.setSize(700,200);
        this.setLocation(300,240);
        this.setDefaultCloseOperation(EXIT_ON_CLOSE);
        this.getContentPane().setLayout(new GridLayout(2,1));
        
        JPanel panel = new JPanel(new FlowLayout());
        this.getContentPane().add(panel);
        text_user = new JTextArea();
        this.getContentPane().add(text_user);
        
        panel.add(new JLabel("用户ID:"));
        text_number = new JTextField("1");
        text_number.setEditable(false);
        panel.add(text_number);
        text_name = new JTextField("姓名",10);
        panel.add(text_name);
```

```java
        ButtonGroup buttongroup = new ButtonGroup();
        radiobutton_male = new JRadioButton("男",true);
        buttongroup.add(radiobutton_male);
        panel.add(radiobutton_male);

        radiobutton_female = new JRadioButton("女");
        buttongroup.add(radiobutton_female);
        panel.add(radiobutton_female);

        Object college[] = {"计算机","艺术设计"};
        combobox_college = new JComboBox(college);
        combobox_college.setEditable(true);
        combobox_college.addItemListener(this);
        panel.add(combobox_college);

        Object major[] = {"软件工程","网络工程","物联网"};
        combobox_major = new JComboBox(major);
        panel.add(combobox_major);

        checkbox_bold = new JCheckBox("粗体");
        panel.add(checkbox_bold);
        checkbox_bold.addItemListener(this);
        checkbox_italic = new JCheckBox("斜体");
        panel.add(checkbox_italic);
        checkbox_italic.addItemListener(this);

        button_add = new JButton("添加");
        button_add.addActionListener(this);
        panel.add(button_add);
        this.setVisible(true);
    }
    public void itemStateChanged(ItemEvent e){
        //在组合框的下拉列表中选择数据项时触发执行
        if (combobox_college.getSelectedIndex() = = 0){
            combobox_major.removeAllItems();
            combobox_major.addItem("软件工程");
            combobox_major.addItem("网络工程");
            combobox_major.addItem("物联网");
        }
        if (combobox_college.getSelectedIndex() = = 1){
            combobox_major.removeAllItems();
            combobox_major.addItem("动画设计");
```

```
            combobox_major.addItem("服装设计");
            combobox_major.addItem("工业设计");
        }
        Font font = text_user.getFont();
        int style = font.getStyle();
        if(e.getSource() == checkbox_bold)
            style = style^1;
        if(e.getSource() == checkbox_italic)
            style = style^2;
        text_user.setFont(new Font(font.getName(),style,font.getSize()));
    }
    public void actionPerformed(ActionEvent e){        //单击按钮时触发执行
        if(e.getSource() == button_add){
            String aline = "";
            aline = number + "," + text_name.getText();
            if(radiobutton_male.isSelected())
                aline += "," + radiobutton_male.getText();
            if(radiobutton_female.isSelected())
                aline += "," + radiobutton_female.getText();
            aline += "," + combobox_college.getSelectedItem();
            aline += "," + combobox_major.getSelectedItem();
            text_user.append(aline + "\n");
            this.number++;
            text_number.setText("" + this.number);
            text_name.setText("姓名");
        }
    }
    public static void main(String arg[]){
        new UserJFrame();
    }
}
```

程序说明:JFrame 类调用下列方法,当单击窗口关闭按钮时,将自动结束程序运行。this.setDefaultCloseOperation(EXIT_ON_CLOSE);单击窗口关闭按钮时,结束程序运行。因此,不需要再写实现 WindowListener 接口中的 windowClosing(WindowEvent e)方法。可以调用 getText()方法获得指定单选按钮的文本,用 isSelected()方法判断单选按钮是否选中的状态。

6.4.4 菜单组件

本节主要介绍 Java 使用菜单的两种方式。
① 窗口菜单:出现在窗口标题栏下,总是与窗口同时出现。

② 快捷菜单：当对某个组件做相应操作，如点击右键，会弹出的菜单。

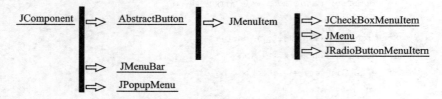

图 6.14　菜单相关类

建立窗口菜单的基本步骤：
① 在窗口上添加菜单栏（JMenuBar）；
② 在菜单栏中添加菜单（JMenu）；
③ 在菜单中添加菜单项（JMenuItem）或子菜单（JMenu）。

1. 菜单栏（JMenuBar）

菜单栏是容纳菜单的容器，不受布局管理器控制，不监听事件。其构造方法：

public JMenuBar()

向菜单栏中添加菜单的方法为：

public JMenu add(JMenu c)

在窗口上设置菜单栏，JFrame 类提供 setJMenuBar(JMenuBar menubar) 方法将菜单栏放置在框架窗口上方。例如：

frame.setJMenuBar(menubar)　// frame 框架对象，menubar 菜单栏对象

2. 菜单（JMenu）

菜单是容纳菜单项或菜单的容器，可注册单击和选择事件监听器。其构造方法：

public JMenu()
public JMenu(String s)　　　　//s 指定菜单标题

向菜单中添加菜单项的方法为：

public JMenuItem add(JMenuItem menuItem)
public Component add(Component c) //添加组件
public void addSeparator()　　　　//添加分隔线

3. 菜单项（JMenuItem）

菜单项可以注册单击和选择事件监听器。菜单项的构造方法：

public JMenuItem()
public JMenuItem(String text)　　　//text 菜单标题
public JMenuItem(String text, Icon icon)　　//icon 菜单图标

可以为菜单项设置快捷键，方法：

```
public void setAccelerator(KeyStroke keyStroke)    //设置快捷键
```

我们来看一个窗口菜单建立的具体过程,例子:

```
JFrame f = new JFrame();//定义框架 f
JMenuBar b = new JMenuBar();//定义菜单栏 b
f.setJMenuBar(b);//向框架 f,添加菜单栏 b
JMenu m = new JMenu("文件");//定义菜单 m
b.add(m);//向菜单栏 b,添加菜单 m
JMenuItem t = new JMenuItem("打开");//定义菜单项 t
t.addActionListener(this);//t 注册监听事件
m.add(t);//向菜单 m,添加菜单项 t
m.addSeparator();//向菜单 m,添加分隔线
m.add(new JMenuItem("保存"));
```

以上是构建一个窗口菜单的基本过程,首先将菜单栏放入框架中,然后添加菜单,添加菜单项以及为菜单项注册单击事件。

4. 复选菜单项(JCheckBoxMenuItem)

复选菜单项功能类似于复选按钮,也是经常会使用的菜单项,其构造方法:

```
public JCheckBoxMenuItem()
public JCheckBoxMenuItem(String text)         //text 指定标题
public JCheckBoxMenuItem(String text, boolean b)    //b 指定初始状态
public JCheckBoxMenuItem(String text, Icon icon, boolean b) //icon 指定图标
```

5. 单选菜单项(JRadioButtonMenuItem)

单选菜单项功能类似于单选按钮,也要与逻辑按钮组配合使用,其构造方法:

```
public JRadioButtonMenuItem()
public JRadioButtonMenuItem(String text)
public JRadioButtonMenuItem(String text, boolean selected)
public JRadioButtonMenuItem(String text, Icon icon, boolean selected)
```

6. 快捷菜单(JPopupMenu)

建立快捷菜单基本特点:
① 快捷菜单是依赖于某个组件的;
② 快捷菜单不受布局管理器限制;
③ 快捷菜单大多通过用户单击鼠标右键时弹出。

快捷菜单相关方法:

```
public JPopupMenu() //构造方法
public JMenuItem add(JMenuItem menuItem) //添加菜单项
public void addSeparator()//添加分隔线
public void show(Component invoker, int x, int y)
```

//在(x,y)位置显示快捷菜单,invoker 快捷菜单所依附的组件

由于快捷菜单是依附于某个组件的,在组件类中有为组件添加快捷菜单的方法:

public void add(PopupMenu popup)   //添加快捷菜单 popup

例如:b 为某组件对象,popup 为快捷菜单对象

b.add(popup);//为组件 b 添加快捷菜单

关于菜单的基本构建可以通过程序【例6.10】来详细了解其实现过程。

6.5 图形设计

Java 提供在组件上绘图的功能,通过绘图类 Graphics 对象调用绘图方法实现。

6.5.1 绘图类

绘图类 Graphics 对象相当于是一只画笔,通过它可以调用各种绘图方法,可以设置笔的颜色。以下给出绘图类 Graphics 的部分定义:

```
public abstract class Graphics extends Object{
    public abstract Color getColor();//获取当前颜色
    public abstract void setColor(Color c); //设置颜色
    public abstract void drawLine(int x1, int y1, int x2, int y2);
    //在两点(x1,y1)、(x2,y2)间画一条直线
    public void drawRect(int x, int y, int width, int height) //画矩形
    public abstract void fillRect(int x, int y, int width, int height); //填充矩形
    public abstract void clearRect(int x, int y, int width, int height);
    //清除矩形(x,y)指定矩形左上角,width、height 指定宽度和高度
    public abstract void drawOval(int x, int y, int width, int height); //画椭圆
    public abstract void fillOval(int x, int y, int width, int height);
    //填充椭圆,(x,y)、width、height 指定椭圆外切矩形的左上角坐标、长度和宽度
    public abstract void drawString(String str, int x, int y);
    //在(x,y)指定坐标位置显示字符串
    public abstract Font getFont();              //获得字体
    public abstract void setFont(Font font);     //设置字体
}
```

6.5.2 在组件上绘图

Java 提供在组件上绘图的功能,绘图类 Graphics 对象是绘图的笔,那么如何获得 Graphics 对象呢? 获得的这个笔将在什么地方绘画呢?

1. 绘图方式

当需要在某个组件上绘图时,就声明这个组件类的子类,这个子类就是可以用来

画图的组件了,然后重写组件类中的 paint(Graphics g)方法,在此方法中通过调用参数中的 Graphics 类的对象 g 调用各种绘图方法,实现要绘制的内容即可。例如:要在 JFrame 上绘图,可以定义 Frame 的一个子类。

【例 6.9】实现在 JFrame 上绘图,绘制字符串和实心矩形。
程序如下:

```
import java.awt.*;
public class MyFrame1 extends Frame{
    public void paint(Graphics g){
        g.drawString("test",100,100);
        g.setColor(Color.red);
        g.fillRect(100,100, 100,100);
    }
    public static void main(String arg[]){
        MyFrame1 f = new MyFrame1();
        f.setSize(280,200);
        f.setLocation(200,140);
        f.setVisible(true);
    }
}
```

运行结果:程序实现了绘制字符串"test",以及绘制一个红色的实心矩形。

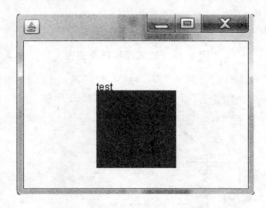

图 6.15　绘图程序界面

2. 组件绘图方法

在进行图形绘制时,最重要的两个方法为:

public void paint(Graphics g)　　　　//在组件上绘制图形
public void repaint()　　　　//调用 paint()方法刷新图形

paint()方法是在窗口出现、窗口遮挡然后再次出现等时刻由系统自动调用执行的,程序中不能直接调用 paint()方法。当某些时候程序功能本身需要再次执行 paint()方法重绘时,如在图中数据发生改变时,希望能执行 paint()方法重绘,可通过调用 repaint()方法来实现。repaint()方法本身不需要编写,其功能就是调用执行 paint()方法。

【例 6.10】绘制图形,制作一个简单的画板。

图 6.16 绘图画板程序界面

功能 1:在文本行中输入任意字符串,点击回车后图中绘画的字符串做相应改变,例如在文本行中输入"哈哈哈哈"点击回车后,显示如图。

功能 2:当改变组合框中的颜色选项后,图中绘制的字符串的颜色改为选中的颜色。

图 6.17 绘图画板程序窗口菜单界面

功能 3:定义窗口菜单和快捷菜单,当选中菜单中一项功能,在图中绘制相应的图形。例如选择"画矩形",在图中应显示画出当前选中颜色的实心矩形。

程序如下:

```java
import java.awt.*;
import java.awt.event.*;
import javax.swing.*;
public class GraphicsJFrame extends JFrame implements ActionListener, ItemListener, MouseListener {
    private JTextField text_str;
    private myJTextArea textarea;
    private JComboBox combobox_color;
    private JPopupMenu popupmenu;
    public GraphicsJFrame() {
        super("图形界面绘图");
        this.setSize(500,500);
        this.setLocation(300,240);
        this.setDefaultCloseOperation(EXIT_ON_CLOSE);

        textarea = new myJTextArea();
        textarea.addMouseListener(this);
        this.getContentPane().add(textarea);
        JPanel panel = new JPanel(new FlowLayout(FlowLayout.LEFT));
        this.getContentPane().add(panel,"North");

        panel.add(new JLabel("画字内容"));
        text_str = new JTextField("12",10);
        panel.add(text_str);
        text_str.addActionListener(this);

        panel.add(new JLabel("设置颜色"));
        Object color[] = {"红色","蓝色","黄色","绿色"};
        combobox_color = new JComboBox(color);
        combobox_color.addItemListener(this);
        panel.add(combobox_color);
        this.setVisible(true);

        JMenuBar menubar = new JMenuBar();
        this.setJMenuBar(menubar);
        JMenu menu_file = new JMenu("文件");
        menubar.add(menu_file);
        JMenu menu_edit = new JMenu("编辑");
        menubar.add(menu_edit);
```

Java 语言程序设计基础

```java
        JMenuItem m1 = new JMenuItem("画圆");
        JMenuItem m2 = new JMenuItem("画矩形");
        JMenuItem m3 = new JMenuItem("画线");
        menu_edit.add(m1);
        menu_edit.add(m2);
        menu_edit.add(m3);
        m1.addActionListener(this);
        m2.addActionListener(this);
        m3.addActionListener(this);
        menubar.add(new JMenu("帮助"));

        popupmenu = new JPopupMenu();
        JMenuItem menuitem_cut = new JMenuItem("画圆");
    menuitem_cut.setAccelerator(KeyStroke.getKeyStroke(KeyEvent.VK_X,InputEvent.CTRL_MASK));
        popupmenu.add(menuitem_cut);
        menuitem_cut.addActionListener(this);

        JMenuItem menuitem_copy = new JMenuItem("画矩形");
    menuitem_copy.setAccelerator(KeyStroke.getKeyStroke(KeyEvent.VK_C,InputEvent.CTRL_MASK));
        popupmenu.add(menuitem_copy);
        menuitem_copy.addActionListener(this);
        JMenuItem menuitem_paste = new JMenuItem("画线");
    menuitem_paste.setAccelerator(KeyStroke.getKeyStroke(KeyEvent.VK_V,InputEvent.CTRL_MASK));
        popupmenu.add(menuitem_paste);
        menuitem_paste.addActionListener(this);
        textarea.add(popupmenu);//文本区添加快捷菜单
    }
    public void actionPerformed(ActionEvent e) {
        if(e.getActionCommand()=="画圆"){
            textarea.shap = 1;
            repaint();
        }
        if(e.getActionCommand()=="画矩形"){
            textarea.shap = 2;
            repaint();
        }
        if(e.getActionCommand()=="画线"){
            textarea.shap = 3;
            repaint();
```

```
            }
            if(e.getSource() = = text_str){
                textarea.ss = text_str.getText();
                repaint();
            }
        }
        public void itemStateChanged(ItemEvent e){
            if (combobox_color.getSelectedIndex() = = 0) {
                textarea.setColor(Color.red);
                repaint();
            }
            if (combobox_color.getSelectedIndex() = = 1){
                textarea.setColor(Color.blue);
                repaint();
            }
            if (combobox_color.getSelectedIndex() = = 2){
                textarea.setColor(Color.yellow);
                repaint();
            }
            if (combobox_color.getSelectedIndex() = = 3){
                textarea.setColor(Color.green);
                repaint();
            }

        }
        public void mouseClicked(MouseEvent mec){
            if (mec.getModifiers() = = mec.BUTTON3_MASK)
                popupmenu.show(textarea,mec.getX(),mec.getY());
        }
        public void mousePressed(MouseEvent mep)      {     }
        public void mouseReleased(MouseEvent mer)     {     }
        public void mouseEntered(MouseEvent mee)      {     }
        public void mouseExited(MouseEvent mex)       {     }
        public void mouseDragged(MouseEvent med)      {     }

        public static void main(String arg[]){
            new GraphicsJFrame();
        }
    }
}
class myJTextArea extends JTextArea{
    static int shap = 0;
    static String ss = "";
```

```
Color mycolor;
void setColor(Color c){
    mycolor = c;
}
public void paint(Graphics g){
    g.setColor(mycolor);
    g.drawString(ss,10,10);
    if(shap = = 1){g.fillOval(20, 20, 50, 50);}
if(shap = = 2){g.fillRect(100,100, 100,100);}
if(shap = = 3){g.drawLine(200, 200, 300, 300);}
}
}
```

第 7 章　多线程编程

本章介绍 Java 的多线程机制。不少程序语言都提供了对线程的支持,像 C 和 C++。与其他语言相比,Java 的特点是从最底层开始就对线程提供了支持,它要求它所在的操作系统必须支持线程调度,Java 虚拟机的很多任务都是依赖线程调度的,而且所有类库都是为多线程设计的,所有的类都是在多线程的思路下定义的,其中一些控制线程的操作都是在 Object 下定义的,而 Object 又是所有类的根类,所以所有类都可以做一些控制线程的操作。下面首先介绍线程的概念、线程的生命周期、线程的控制与调度等问题。

7.1　多线程的概念

对 Java 中的线程和其他概念进行具体的介绍,他们与操作系统课程中的内容基本相似。

7.1.1　程序和进程

程序是一个静态的概念,是编写的对数据描述和操作的代码集合。计算机执行的代码就是程序。

进程是程序的一次动态执行过程,程序在计算机中运行起来就是一个进程了。表示程序已经开始但尚未结束的一种程序状态。它经历了从代码加载、执行到执行完毕的一个完整过程,这个过程也是进程本身从产生、发展到最终消亡的过程。一个程序可以创建多个进程,即多次执行。进程是资源分配的单位。它有自己独立(进程间不可共享,即使是同类进程)的一块内存和一组系统资源(数据段、栈段、代码段)。

多任务是指操作系统中可以同时运行多个程序,一个程序是一个任务,运行起来就对应一个进程。例如,可以同时打开 Word 和音乐播放器。由于目前大多数单处理器系统中,操作系统采用分时机制,所以每个进程都能循环获得自己的 CPU 时间片,使得所有程序好像是在"同时"运行一样,感觉多个进程执行在时间上是重叠的,它们的操作是交叉执行的。即从宏观上,一个时间段中有几个进程都处于运行状态;而从微观上,任一时刻仅有一个进程在处理器上运行。

由于可以实现多任务,一段时间内有多个进程要运行,因此需要通过一定的算法将进程进行排队,然后按顺序调入或调出 CPU 执行。这个过程称为"进程调度"。一般用先进先出算法,有些进程由于应用的需要可以提高优先级来排在队伍前面,有

Java 语言程序设计基础

些由于有过多的 IO 操作,要做 IO 操作就被调到队伍后面。通常每个程序执行一个时间片,如果中间遇到 IO 操作或相对 CPU 较慢的操作或更高优先级的程序,该进程可能会被提前调出 CPU。

7.1.2 线程的概念

由于有多任务所以需要进程调度,每调度一个进程,都要将上次被执行的情况恢复到 CPU 和寄存器中,由于每个进程都有自己的数据段、栈段、代码段,所以恢复现场需要占用大量系统资源(主要是 CPU 时间),所以进程调度对操作系统来说是开销很大的工作。事实上,一次进程调度实际上可能只是其中很小的一部分代码被分开执行,数据段、代码段的差别很小,所以过于频繁和没有必要的进程调度是影响操作系统工作效率的一个重要因素,为了解决这一问题,减轻进程调度的开销出现了线程。

我们可以将一个进程按不同功能划分为多个更小的运行单位,即线程。将线程在 CPU 上进行开销很小的调度,因为线程只有自己的栈段和程序计数器,而没有独立的数据段和代码段,因此,这种调度是非常轻量级的工作。除此之外,有时一个程序功能需要同时完成多个工作。如果能够将一个进程划分成更小的运行单位,则程序中一些彼此相对独立的代码段可以重叠运行,从而获得更高的执行效率。线程提供了这种重叠执行的办法。

线程是比进程更小的执行单位,线程是进程内部单一的一个顺序控制流,是处理器调度和分派的基本单位。

线程是进程的组成部分,不能单独运行,必须在一个进程环境中运行。一个进程可以拥有多个线程。同一个进程中的所有线程共享进程获得的存储空间和资源,但不拥有资源。

所谓多线程是指一个进程在执行过程中可以产生多个线程,这些线程可以同时存在、同时运行,形成多条执行线索。

进程是资源分配的单位,线程是最小的执行单位。每个进程都有一段专用的内存区域。与此相反,线程却共享内存单元(包括代码和数据),通过共享的内存单元来实现数据交换、实时通信与必要的同步操作。

多线程的应用范围很广。在一般情况下,程序的某些部分同特定的事件或资源联系在一起,同时又不想为它而暂停程序其他部分的执行,这种情况下,就可以考虑创建一个线程,令它与那个事件或资源关联到一起,并让它独立于主程序运行。通过使用线程,可以避免用户在运行程序和得到结果之间的停顿,还可以让一些任务(如打印任务)在后台运行,而用户则在前台继续完成一些其他的工作。总之,利用多线程技术,可以使编程人员方便地开发出能同时处理多个任务的功能强大的应用程序。

图 7.1 显示了支持多线程的进程结构。

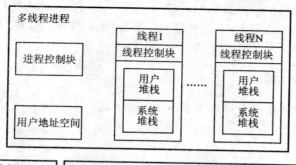
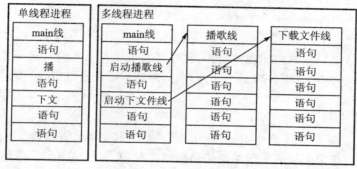

图 7.1 支持多线程的进程称为多线程(结构)进程

那么,在 Java 中该如何编写多线程程序呢?如果要生成多线程,必须先做好下面两个准备:

① 线程必须扩展自 Thread 类,使自己成为它的子类。
② 线程的处理必须编写在 run()方法内。

7.2 Runnable 接口与 Thread 类

每个 Java 程序都有一个缺省的主线程 main,对于 Java 应用程序,主线程是 main()方法执行的线索;实际上在命令行中运行 Java 命令时,就启动了一个 JVM 的进程,默认情况下此进程会产生两个线程:一个是 main()方法线程,另外一个就是垃圾回收(GC)线程。

要想实现多线程,必须在主线程中创建新的线程对象。要加载其他线程,程序要使用 Runnable 接口和 Thread 类。在具体介绍这两个内容之前,需要先来了解一下与它们密切相关的 run()方法:

① 一个线程必须从 run 方法开始执行,run 方法是线程执行的起点,在创建并启动一个线程后,系统自动调用 run 方法。

② 一个线程对象必须实现 run 方法,以描述该线程的所有活动及执行的操作,即一个线程的功能,应该编写在 run 方法中。run 方法称为线程对象的线程体。

那么如何获得 run 方法呢？通过 Java 提供的 Runnable 接口和 Thread 类就可以获得相应的 run 方法。只要重写 run 方法中的内容，就可以实现自己的线程功能。

7.2.1 Runnable 接口

Runnable 接口：接口中只声明了一个 run 方法。Runnable 接口是提供 run 方法的一种手段。定义如下

```
public interface Runnable{
        public abstract void run();
}
```

使用 Runnable 接口来实现多线程，首先需要定义一个实现 Runnable 接口的类，在其中的 run 方法中实现线程的功能内容，同时还需要配合 Thread 类进行使用。

7.2.2 Thread 类

Thread 类：是一个实现了 Runnable 接口的类，其中 run 方法被定义为一个空方法。Thread 类还定义了一些用于创建和控制线程的方法。Thread 类是控制线程行为的手段。

```
public class Thread extends Object implements Runnable{
        public void run() { }
}
```

首先介绍在 Thread 类中的构造方法：

```
public Thread()
public Thread(String name)
public Thread(Runnable target)
public Thread(Runnable target ,String name)
public Thread(ThreadGroup group ,Runnable target)
public Thread(ThreadGroup group ,String name)
public Thread(ThreadGroup group,Runnable target ,String name)
```

以上方法中相关参数的意义：

group 线程所属的线程组 ThreadGroup 类；将线程规类到线程组中，便于调试和监视，编程时只能在创建线程的同时将它与一个线程组相关联。在使用大量线程的程序中，使用线程组组织线程会很有帮助。

name 线程名。Java 的每个线程都有自己的名字，如果没有设定，系统自动提供唯一的名字。

target 实际执行线程体的目标对象，任何实现 Runnable 接口的对象都可以作为一个线程的目标对象。目标对象指明了创建的这个线程对象，在执行时，要执行哪

个实现 Runnable 接口的对象中定义的 run 方法。对象中实现的 run 方法称为该对象的线程体。

由于 Runnable 接口中的方法都是未实现的，所以 run 方法也是未被实现的，要定义一个实现 Runnable 接口的类，来实现 run 方法。run 方法中定义的内容就是一个线程要做的工作内容，想要线程实现什么功能就在这里定义。可以定义多个这样的类，在不同类的 run 方法中实现不同的功能，一个线程对象可以指定执行哪个类中的 run 方法实现线程要完成的功能。这些类的实例对象称为目标对象，对象中已实现的 run 方法称为该对象的线程体。

除了构造方法，Thread 类中还包含很多控制线程的方法，我们会在后续内容中逐步介绍。

7.2.3 创建多线程程序

在了解了 Java 中创建多线程的必要内容后，接下来我们就将介绍最为重要的创建多线程程序的方法。这里创建多线程程序主要有两种方法：继承 Thread 类和实现 Runnable 接口。

1. 继承 Thread 类，覆盖 run 方法

Thread 存放在 java.lang 类库里，但并不需加载 java.lang 类库，因为它会自动加载。此外，run() 方法是定义在 Thread 类里的一个方法，因此把线程的程序代码编写在 run() 方法内，事实上所做的就是覆盖的操作。

【例 7.1】通过继承 Thread 类实现两个线程，一个输出奇数，一个输出偶数。程序如下：

```java
class Th1 extends Thread{   //定义一个线程
    public void run(){       //线程体,功能为输出奇数
        int i = 1;
        while(i<20){
            System.out.print("奇数线程:显示" + i + "\n");
            i + = 2;
        }
        System.out.println("奇数线程结束!");
    }
}

class Th2 extends Thread{   //定义另一个线程
    public void run(){       //线程体,功能为输出偶数
        int i = 2;
        while(i<20){
            System.out.print("偶数线程:显示" + i + "\n");
            i + = 2;
```

```
        }
        System.out.println("偶数线程结束!");
    }
}

public class FirstThread{
    public static void main(String args[]){
        Th1 t1 = new Th1();          //创建线程对象
        Th2 t2 = new Th2();
        t1.start();                  //启动线程对象
        t2.start();
    }
}
```

2. 实现 Runnable 接口

从前面的章节中读者应该已经清楚了,Java 程序只允许单一继承,即一个子类只能有一个父类,所以在 Java 中如果一个类继承了某一个类,同时又想采用多线程技术的时,就不能用 Thread 类产生线程,因为 Java 不允许多继承,这时就要用 Runnable 接口来创建线程了。

定义一个实现 Runnable 接口的类,通过 Thread 类的构造方法,将创建的线程对象与该类的对象联系起来,即将该类对象实例作为参数交给线程对象,以便在线程执行时能找到 run 方法。

【例 7.2】 通过实现 Runnable 接口实现两个线程,一个输出奇数,一个输出偶数。程序如下:

```
class Rue1 implements Runnable{//定义一个实现 Runnable 接口的类
    public void run(){    //线程体,功能为输出奇数
        int i = 1;
        while (i<20){
            System.out.print("奇数线程:显示" + i + "\n");
            i+ = 2;
        }
        System.out.println("奇数线程结束!");
    }
}

class Rue2 implements Runnable{//定义另一个实现 Runnable 接口的类
    public void run(){    //线程体,功能为输出偶数
        int i = 2;
        while (i<20){
            System.out.print("偶数线程:显示" + i + "\n");
```

```
            i+ = 2;
        }
        System.out.println("偶数线程结束!");
    }
}
public class FirstRunnable{
    public static void main(String args[]){
        Rue1 r1 = new Rue1();           //创建具有线程体的目标对象
        Rue2 r2 = new Rue2();
        Thread t1 = new Thread(r1);     //以目标对象创建线程对象
        Thread t2 = new Thread(r2);
        t1.start();      //启动线程对象
        t2.start();
    }
}
```

有些读者可能会不理解,为什么实现了 Runnable 接口还需要调用 Thread 类中呢?在 Runnable 接口中只有一个 run()方法,而 Thread 类中定义了很多用于控制线程的方法,只有通过 Thread 类才能启动并控制线程,因此多线程程序中必须使用到 Thread 类。在 Thread 类之中的构造方法 public Thread(Runnable target)就可以将一个 Runnable 接口的实例化对象作为参数去实例化 Thread 类对象。

3. 多线程程序执行的不确定性

以上两种方式实现的多线程程序,3 次执行结果如图 7.2 所示。从运行结果图中可以看出,两个线程交替进行,多次运行发现结果不同,这说明了多线程程序执行的

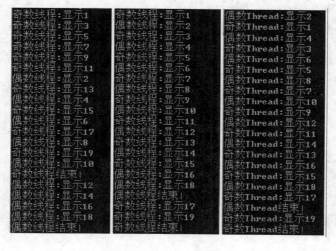

图 7.2　多线程程序 3 次执行的结果

一个特性:运行结果的不确定性。

启动线程对象的 start()语句的顺序只决定了线程对象启动的顺序,线程启动后并不马上运行,而是在 CUP 等待队列中等待操作系统调度。线程何时执行、线程执行的次序及是否被打断均不由程序控制。多线程的执行具有不确定性,但每一个线程自身的执行顺序是确定的,与其他线程交叉顺序是由操作系统决定的! 关于 Java 中线程的调度策略内容,将在后面进一步介绍。

4. 两种创建线程方法比较

从前两节中可以发现,不管实现了 Runnable 接口还是继承了 Thread 类其结果都是一样的,那么这两者之间有什么区别呢? 下面通过编写一个应用程序,来进行比较分析。

【例 7.3】 一个模拟铁路售票系统的例子,实现 4 个售票点发售某日某次列车的车票 20 张,一个售票点用一个线程来表示。首先用继承 Thread 类来实现这个程序。

程序如下:

```
public class ThreadDemo{
    public static void main(String[] args){
        //启动了 4 个线程,分别执行各自的操作
        new TestThread().start();
        new TestThread().start();
        new TestThread().start();
        new TestThread().start();
    }
}
class TestThread extends Thread{
    private int tickets = 20;
    public void run(){
      while(true){
        if(tickets>0)
        System.out.println(Thread.currentThread().getName() + "出售票" + tickets--);
        }
      }
   }
```

输出结果:

Thread-3 出售票 5
Thread-2 出售票 4
Thread-3 出售票 4
Thread-2 出售票 3

Thread-3 出售票 3
Thread-1 出售票 2
Thread-2 出售票 2
Thread-1 出售票 1
Thread-2 出售票 1
Thread-3 出售票 2
Thread-3 出售票 1
Thread-0 出售票 12
Thread-0 出售票 11
Thread-0 出售票 10
Thread-0 出售票 9
Thread-0 出售票 8
Thread-0 出售票 7
Thread-0 出售票 6
Thread-0 出售票 5
Thread-0 出售票 4
Thread-0 出售票 3
Thread-0 出售票 2
Thread-0 出售票 1

由于程序的输出结果过长,所以只截取了后面一部分,但从这部分输出结果中可以发现,这里启动了4个线程对象,但这4个线程对象,各自占有各自的资源,所以可以得出结论,用 Thread 类实际上无法达到资源共享的目的。

那么实现 Runnable 接口会如何呢?读者可以观察一下输出结果。

【例7.4】ThreadDemo1.java

```
public class ThreadDemo1{
    public static void main(String [] args){
        TestThread t = new TestThread();
        //启动了4个线程,并实现了资源共享的目的
        new Thread(t).start();
        new Thread(t).start();
        new Thread(t).start();
        new Thread(t).start();
    }
}
class TestThread implements Runnable{
    private int tickets = 20;
    public void run(){
        while(true){
            if(tickets>0)
                System.out.println(Thread.currentThread().getName() + "出售票" + tickets -
```

```
-);
        }
      }
}
```

输出结果:

```
Thread-1 出售票 20
Thread-1 出售票 19
Thread-1 出售票 18
Thread-1 出售票 17
Thread-1 出售票 16
Thread-1 出售票 15
Thread-1 出售票 14
Thread-1 出售票 13
Thread-2 出售票 12
Thread-3 出售票 11
Thread-4 出售票 10
Thread-2 出售票 9
Thread-3 出售票 8
Thread-4 出售票 7
Thread-2 出售票 6
Thread-3 出售票 5
Thread-4 出售票 4
Thread-2 出售票 3
Thread-3 出售票 2
Thread-4 出售票 1
```

从上面的程序中可以发现,启动了4个线程,但是从程序的输出结果来看,尽管启动了4个线程对象,但是结果都是操纵了同一个资源,实现了资源共享的目的。

直接继承线程 Thread 类编写方法简单,可以直接操作线程,但由于单重继承情况,不能再继承其他类,所以不实用。实现 Runnable 接口的方法相对于继承 Thread 类来说,更适合于多个相同程序代码的线程处理同一资源的情况,把程序的代码、数据有效分离。此外,还可以避免由于 Java 的单继承特性带来的局限。

当多个线程的执行代码来自同一个类的实例时,即称它们共享相同的代码。多个线程可以操作相同的数据,与它们的代码无关。当共享访问相同的对象时,即共享相同的数据。当线程被构造时,需要的代码和数据通过一个对象作为构造函数实参传递进去,这个对象就是一个实现了 Runnable 接口的类的实例。可以定义多个实现接口的类,在不同类的 run 方法中实现不同的功能,不同的线程对象通过参数指定要执行哪个类中的 run 方法实现线程要完成的功能。

5. 线程组

每个线程都是一个线程组的成员,线程组把多个线程集成为一个对象,通过线程组可以同时对其中的多个线程进行操作。

线程组用来管理一组线程。包括:线程数,线程间的关系,线程正在执行的操作,以及线程将要启动或终止的时间等。线程组中还可以包含线程组。Java 的应用程序中,最高层的线程组是名为 main 的线程组,在 main 中可以加入线程或线程组,在 main 子线程组中也可以加入线程和线程组,形成线程组和线程之间的树状继承关系。

```
public final ThreadGroup getThreadGroup() //当前线程所属的线程组名
```

7.3 线程的控制与调度

7.3.1 线程的生命周期与状态

线程也有从创建、运行到消亡的生命周期。在生命周期中线程有 5 个状态:新建状态、就绪状态、运行中、阻塞、终止状态。通过线程的控制和调度可使线程在这几种状态间转换。

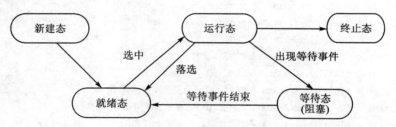

图 7.3 线程的 5 种状态及状态转换

新建状态:在程序中使用 new 运算符和构造方法创建了一个线程对象后,新的线程对象便处于新建状态。此时,它已经有了相应的内存空间和其他资源,但还处于不可运行状态。只能进行 start 操作来启动线程,进行其他操作时会抛出异常。例如:Thread thread=new Thread()。

就绪状态:使用 start 方法启动一个线程后,线程进入就绪状态。此时,线程将进入线程队列排队,等待 CPU 服务,这表明它已经具备了运行条件。实际上,并未真正执行。

运行中状态:当就绪状态的线程被调用并获得处理器资源时,线程就进入了运行状态。此时,自动调用该线程对象的 run()方法。线程真正占用 CPU 开始执行 run 方法内容。

阻塞状态:一个正在运行的线程因某种原因不能继续执行时,进入阻塞状态。即使 cpu 空闲,该线程也不会被执行,直到引起阻塞的原因消失,线程转入可运行状态,重新在等待队列中等待执行,从原来中止处继续运行。引起阻塞的原因:

① 等待 IO 请求完成:恢复方法,IO 操作完成。

② 调用了 sleep()方法:恢复方法,等时间过去。

③ 调用了 wait()方法以等待某种事件发生:恢复方法,其他线程用 notify 或 notifyAll 方法通知它要等待的事件发生。

终止状态:线程结束后是终止状态。导致的原因:自然撤销或停止。

在 Java 语言中对应线程的生命周期定义了 4 个状态。

① 新建状态:new Thread()创建的线程对象处于新建 NEW,系统没有为它分配资源;

② 运行状态(无法区分就绪和运行):线程启动后即进入运行态,可以执行其 run()方法;

③ 阻塞和等待状态:一个运行态的线程因某种原因不能继续运行时,进入阻塞态或等待态。

④ 终止状态:线程对象停止运行未被撤销时是终止态。两种情况:运行结束或被强行停止。

以上这 4 种状态,对应的在 Thread 类中定义为以下的常量:

```
public class Thread extends Object implements Runnable{
public static enum Thread.State extends Enum< Thread.State >{
public static final Thread.State NEW//创建状态
public static final Thread.State RUNNABLE//可运行,运行中
public static final Thread.State BLOCKED //阻塞状态
public static final Thread.State WAITING//等待态,时间不定
public static final Thread.State TIMED_WAITING //等待,时间定
public static final Thread.State TERMINATED//死亡状态
   }
}
```

程序可以通过调用 public State getState()方法获得线程所处的状态,也可以调用相关方法使线程在各个状态间转换,如图 7.4 所示,其中的方法将在后面进行具体介绍。

7.3.2 线程调度与优先级

1. 线程调度模型

同一时刻如果有多个线程处于可运行状态,则它们要排队等待 CPU 资源。此时系统会为每个 Java 线程自动赋予一个介于最大优先级和最小优先级之间的一个数,作为该线程的优先级,优先级的高低反映线程的重要或紧急程度。可运行状态的线程按优先级排列,线程调度依据优先级的基础上的"先到先服务"原则。

线程调度管理器:负责线程排队和 CPU 在线程间的分配,并由线程调度算法进行调度。当线程调度管理器选中某个线程时,该线程获得 CPU 资源进入运行状态。

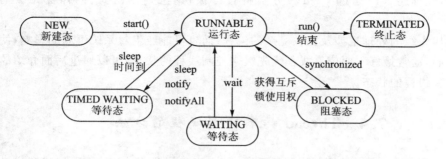

图 7.4　Thread 类中声明的线程状态及状态转换

　　线程调度是先占式调度，大家这个概念也应该在操作系统中学过。它的意思是如果当前线程执行过程中，一个更高优先级的线程进入可运行状态，则这个线程立即被调度执行。先占式调度分为独占方式和分时方式。独占方式下，当前执行线程将一直执行下去，直到执行完毕或由于某种原因主动放弃 CPU，或 CPU 被一个更高优先级的线程抢占。分时方式下，当前运行线程获得一个时间片，时间到时，即使没有执行完也要让出 CPU，进入可运行状态，等待下一个时间片的调度。

　　Java 的线程机制就是按优先级的独占式调度，优先级高的一直执行到结束或被挂起，其他线程才可被调用。Java 对具有相同优先级的线程的处理是随机的，如何处理取决于操作系统的策略，有时是分时的，有时是独占的。

　　Java 线程调度模型：Java 运行时系统实现了一个线程调度器，用于确定某一时刻由哪一个线程在 CPU 上运行。Java 线程调度器支持不同优先级线程的独占方式，但其本身不支持相同优先级线程的时间片轮换。Java 运行时系统所在的操作系统支持时间片的轮换，则线程调度器就支持相同优先级线程的时间片轮换。

　　因此，Java 的调度策略最终：是以优先级为基础的先来先服务，相同优先级的以时间片轮换方式服务。

2. 线程优先级：

　　Java 提供 10 个等级优先级，1 为最低，10 为最高，默认为 5。每个优先级对应一个 Thread 类的公用静态常量：

```
public static final int MIN_PRIORITY = 1//最低优先级
public static final int MAX_PRIORITY = 10//最高优先级
public static final int NORM_PRIORITY = 5//默认优先级
```

　　Java 线程模型涉及可以动态改变线程优先级的方法，高优先级的线程可以安排在低优先级线程之前完成。一个应用程序可以通过使用线程中的方法来设置线程的优先级大小。Thread 类中与线程优先级有关的方法有以下 2 个：

```
Public final int getPriority()//获得线程的优先级
Public final void setPriority(int newPriority)//设置线程优先级
```

另外，线程还可以通过 yield()方法将自己被执行的权限让给同样优先级的线程。

有关优先级的处理也涉及比较复杂的流程，而且可能产生对系统不利的影响，使用时要小心，通常最好不要依靠线程优先级来控制线程的状态，可以通过后面介绍的方法来改变线程的状态。

7.4 Thread 类中控制线程的方法

前面提到 Thread 类是控制线程的手段，其中定义了很多方法，线程创建和启动后，用户可以通过调用相关的方法，将线程在几个线程状态间转换，从而实现对线程运行的基本控制。接下来介绍一些常用的方法。

7.4.1 线程常用方法

在多线程编程中常用到的几个方法：

```
public final String getName()   //获得线程名
public final void setName(String name)//设置线程的名称
public void start()        //启动已创建的线程对象
public final boolean isAlive()     //线程已启动,未终止返回 true
public static int activeCount() //当前线程组中活动线程数
public static Thread currentThread() //返回当前执行线程的引用对象
public final int getPriority()//获得线程的优先级
public String toString()    //线程的信息,名字、优先级、线程组
public static int enumerate(Thread[] tarray)
//将当前线程组中活动线程复制到数组 tarray 中,包括子线程组
```

在 Thread 类之中，可以通过 getName()方法取得线程的名称，通过 setName()方法设置线程的名称。线程的名称一般在启动线程前设置，但也允许为已经运行的线程设置名称。允许两个 Thread 对象有相同的名字，但为了清晰，应该尽量避免这种情况的发生。另外，如果程序并没有为线程指定名称，则系统会自动为线程分配一个名称。

通过 Thread 类之中的 start()方法通知线程规划器这个新线程已准备就绪，而且应当在规划器中根据线程调度策略，适当时间调用它的 run()方法。在程序中可以通过 isAlive()方法来测试线程是否已经启动而且仍然在活动状态。

通过 Thread 类之中的 currentThread()方法，此方法返回当前正在运行的线程，即：返回正在调用此方法的线程。

【例 7.5】StartThreadDemo.java

```
public class StartThreadDemo extends Thread {
```

```java
    public void run(){//线程体
        Thread t = Thread.currentThread();//获得当前线程对象
        String name = t.getName();//获得线程对象的名字
        for(int i = 0;i<10;i++){
            System.out.println("name = " + name);
        }
    }
    public static void main(String[] args) {
        StartThreadDemo t = new StartThreadDemo();
        t.setName("test Thread");
        System.out.println("调用 start()方法之前，t.isAlive() = " + t.isAlive());
        t.start();
        System.out.println("刚调用 start()方法时，t.isAlive() = " + t.isAlive());

        Thread curt = Thread.currentThread();        //返回当前活动线程
        System.out.println("当前活动线程名 = " + curt.getName());
        System.out.println("当前活动线程优先级 = " + curt.getPriority());
        System.out.println("活动线程数 = " + Thread.activeCount());
        Thread ta[] = new Thread[10];
        Thread.enumerate(ta);          //将当前活动线程复制到 ta 数组中
        System.out.println("线程名    活动状态");
        for (int i = 0;i<Thread.activeCount();i++)
            System.out.println(ta[i].getName()+ "   " + ta[i].isAlive());
        for(int i = 0;i<10;i++){
            System.out.println("name = " + Thread.currentThread().getName());
        }
        //下面语句的输出结果是不固定的,有时输出 false,有时输出 true
        System.out.println("main()方法结束时，t.isAlive() = " + t.isAlive());
    }
}
```

输出结果：

```
调用 start()方法之前，t.isAlive() = false
刚调用 start()方法时，t.isAlive() = true
name = test Thread
当前活动线程名 = main
name = test Thread
当前活动线程优先级 = 5
name = test Thread
活动线程数 = 2
name = test Thread
线程名    活动状态
```

Java 语言程序设计基础

```
name = test Thread
main   true
name = test Thread
test Thread   true
name = test Thread
name = main
name = test Thread
name = main
name = test Thread
name = main
name = test Thread
name = main
name = main
name = main
name = main
name = main
name = main
name = main
main()方法结束时 , t.isAlive() = false
```

程序说明:程序在线程运行之前调用 isAlive()方法,判断线程是否启动,但在此处并没有启动,所以返回"false",表示线程未启动。在启动线程之后调用 isAlive()方法,此时线程已经启动,所以返回"true"。在 main()方法快结束时调用 isAlive()方法,此时的状态不再固定,有可能是 true 有可能是 false,要根据执行这条语句时,相应的线程是否已经结束。

7.4.2 后台线程

后台线程也称守护线程,通常会运行做一些基础服务支撑或数据供给使用。对 Java 程序来说,只要一个进程中的所有前台线程全部结束了,进程就结束了。如果一个进程中只有后台线程在运行,这个进程就会结束。前台线程是相对后台线程而言的,前面所介绍的线程都是前台线程。

定义后台线程的方法是某个线程对象在启动之前,即调用 start()方法之前,调用了 setDaemon(true)方法,这个线程就变成了后台线程。

【例 7.6】来看一下进程中只有后台线程在运行的情况:

```java
public class ThreadDaemon{
    public static void main(String args[]){
        ThreadTest t = new ThreadTest();
        Thread tt = new Thread(t);
        tt.setDaemon(true);    //设置后台运行
        tt.start();
```

168

```
        }
    }
    class ThreadTest implements Runnable{
        public void run(){
            while(true){
                System.out.println(Thread.currentThread().getName() + "is running.");
            }
        }
    }
```

程序执行结果：

Thread-0 is running.
Thread-0 is running.
Thread-0 is running.
Thread-0 is running.
Thread-0 is running.
Thread-0 is running.
Thread-0 is running.
Thread-0 is running.
Thread-0 is running.
Thread-0 is running.
Thread-0 is running.

从程序和运行结果可以看到：虽然创建了一个无限循环的线程，但因为它是后台线程，整个进程在主线程结束时就随之终止运行了。这验证了进程中只有后台线程运行时，进程就会结束。

7.4.3 连接线程

join()方法使当前线程暂停执行，等待调用该方法的线程结束后再继续执行本线程。它有3种调用格式：

```
Public final void join() throws InterruptedException
Public final void join(long millis) throws InterruptedException
Public final void join(long millis, int nanos) throws InterruptedException
```

除了有无参数的 join 方法外，还有两个带参数的 join 方法，分别是 join(long millis)和 join(longmillis,int nanos)，它们的作用是指定合并时间，前者精确到毫秒，后者精确到纳秒，意思是两个线程合并指定的时间后，又开始分离，回到合并前的状态。

可以看到方法声明中有 throws，所以调用时要在 try 块中，要有 catch 来捕获异常。等待调用该方法的线程结束,或者最多等待 millis 毫秒加 nanos 纳秒后,再继续执行本线程。如果需要在一个线程中等待,直到另一个线程消失,可调用 join()方法。如果当前线程被另一个线程中断,join()方法会抛出异常。

【例 7.7】 join()方法的使用

```
public class ThreadJoin extends Thread{
    public void run(){
        String name = Thread.currentThread().getName();
        System.out.println("进入循环函数" + name);
        for(int i = 0;i<5;i++){
            try{
                Thread.sleep(200);
            }
            catch(Exception e){ }
            System.out.println("线程名" + name);
        }
        System.out.println("退出循环函数" + name);
    }
    public static void main(String[] args){
        ThreadJoin tt1 = new ThreadJoin();
        tt1.setName("my thread");
        tt1.start();//现在有 main 和 tt1  2 个线程
        try{
            tt1.join();
// main 线程等待 tt1 结束,main 线程就停止在这里了,下面的语句先不执行
        }
        catch(Exception e){ }
        ThreadJoin tt = new ThreadJoin();//tt1 执行完了开始执行这句
        tt.setName("我的线程");
        tt.start();
    }
}
```

程序运行结果:

进入循环函数 my thread
线程名 my thread
线程名 my thread
线程名 my thread
线程名 my thread
线程名 my thread
退出循环函数 my thread
进入循环函数我的线程

线程名我的线程
线程名我的线程
线程名我的线程
线程名我的线程
线程名我的线程
退出循环函数我的线程

7.4.4 线程休眠

在 Thread 类之中有一个用于线程休眠的方法：当前线程停止执行若干毫秒，线程由运行中进入不可运行状态，睡眠时间结束后，线程再进入等待执行队列等待执行，即为可运行状态。

```
public static void sleep(long millis) throws InterruptedException
```

使用这个方法时必须捕获异常，即使用 try_catch 结构。因为这个方法在声明时使用了 throws 关键字，表明它是会抛出异常的方法。在异常处理中，要求抛出异常方法必须在它的调用方法中捕获异常，否则编译时出错。下面看一个使用这个方法的例子。

【例 7.8】sleep(long millis)方法的使用。

```
public class TestSleep extends Thread{
    public TestSleep(String name){
        super(name);
    }
    public void run(){
        try{
            System.out.println(getName() + "开始 sleep 两秒钟");
            this.sleep(2000);                    //睡眠两秒钟
        }
        catch(InterruptedException e){
            System.out.println(e.getMessage());
        }
        System.out.println(getName() + "睡醒了^_^");
    }
    public static void main (String args[]){
        new TestSleep("线程 A").start();
        new TestSleep("线程 B").start();
    }
}
```

运行结果：

线程 A 开始 sleep 两秒钟
线程 B 开始 sleep 两秒钟
线程 A 睡醒了^_^
线程 B 睡醒了^_^

由程序可以发现，由于使用了 sleep()方法，运行此程序时，执行显示前两句后，程序停顿了一段时间。由于使用 sleep()方法会抛出一个 InterruptedException，所以在程序中需要用 try_catch()捕获。

7.4.5 线程中断

在 Java1.0 中，可以用 stop 方法来终止线程，由于 stop 方法是真正的强行终止一个进程，因此对程序的安全造成威胁，现在这种方法已经被禁用，改用 interrupt 方法。当一个线程运行时，另一个线程可以调用对应的 Thread 对象的 interrupt()方法来中断它。interrupt 方法并不是强制终止线程，它只能设置线程的 interrupted 状态，为线程设置一个中断标记，以便于 run 方法运行时使用 isInterrupted 方法能够检测到，当线程在 sleep 之类的方法中被阻塞时，发现中断标记被设置，则 sleep 方法会抛出一个异常，然后捕获这个异常以处理超时等问题。Thread 类中定义了中断状态有关的方法：

public void interrupt()

interrupt()方法并不强制终止线程，只会改变线程的中断状态标记，一个线程在被设置了中断标记后仍可运行。

public boolean isInterrupted()

isInterrupted()实例方法，判断线程的中断标记，并不清除中断标记。

public static boolean interrupted()

interrupted()静态方法判断当前线程的中断标记，并且在肯定的情况下，清除当前线程对象的中断标记并返回 true。

注意：interrupt()方法只会改变被 interrupt 的线程的中断状态（interrupt status）而已，即 interrupt 方法只是为线程设置了一个中断标记，并没有中断线程运行。一个线程在被设置了中断标记后仍可运行。实例方法 isInterrupted 测试线程的中断标记，并不清除中断标记。而静态的 interrupted 方法则不同，它会测试当前执行的线程是否被中断，并且在肯定的情况下，清除当前线程对象的中断标记并返回 true。当抛出一个异常时，记录该线程中断情况的标记将会被清除，这样后面对 isInterrupted 或 interrupted 的调用将返回 false。

线程中断两种使用方式：

一个是当线程在执行 sleep,join,wait 方法的时候，interrupt()方法会让其产生

InterruptException,然后在捕获该异常的 catch 中作一些想要的处理,此时是否终止线程由本线程自己决定。interrupt()方法使阻塞状态中的线程动起来,形象地说就是让 sleep 的线程醒来。这些方法运行时,在这些方法内不断检查 interrupt status 的值,如果 true 了,则自己抛出 InterruptedException。当抛出一个异常时,该线程中断标记将会被清除。

另一个是当线程正常运行时,interrupt()方法只是改变线程的状态为"中断",但线程仍正常运行,然后可以在线程内用 interrupted()方法来判断这个中断标记状态,作相应处理。接下来对这两种使用方式分别举例说明。

【例 7.9】 Sleep Interrupt

```java
public class SleepInterrupt implements Runnable{
    public void run(){
        Thread tt = Thread.currentThread();
        try{
            System.out.println(tt.getName() + ":sleep 5 秒");
            Thread.sleep(5000);
            System.out.println(tt.getName() + ":自然睡醒了");
        }
        catch (InterruptedException x) {
            System.out.println(tt.getName() + ":被 interrupted 叫醒了");
            return;//直接退出
        }
        System.out.println(tt.getName() + ":没被中断正常结束");
    }
    public static void main(String[] args) {
        SleepInterrupt si = new SleepInterrupt();
        Thread t = new Thread(si,"线程 1");
        t.start();
        //使新线程得到运行的机会
        try {
            Thread.sleep(2000);
            //2 秒,如果把这里的时间设的高于前面的 5 秒,将是另一种结果
        }
        catch (InterruptedException x) {}
        System.out.println(Thread.currentThread().getName() + ":interrupt 线程 1");
        t.interrupt();//中断线程 1
        System.out.println(Thread.currentThread().getName() + ":结束");
    }
}
```

程序运行结果:

线程1:sleep 5 秒
main:interrupt 线程 1
main:结束
线程1:被 interrupted 叫醒了

程序说明:由于多线程的运行时序安排不确定性,最后两项打印的顺序可能会有所变化了。在 main()函数中我们先用 start()启动了线程,线程开始调用 run()要 sleep5 秒,这时 main()作为另一个线程要继续往下执行,会调用自身的 sleep2 秒,接着就去中断前面所启动的线程 t,由于 t 的线程还在 sleep 中,interrupt()就会改变 t 的线程状态,并抛出一个 InterrupteException 异常。

假如,把 main()中的 Thread.sleep(2000)改为 Thread.sleep(6000),就是 6 秒,大于 run()中的 5 秒,这时就是另一种结果了。因为 main()执行 sleep 的时间太长,线程 t 早就执行完了,所以 t 正常的执行完毕,而 main 的 t.interrupt()将不起任何作用了。只要 interrupt()是在线程的 sleep 运行期内执行,都会抛出 InterrupteException 异常。

也可以用 Thread 对象调用 isInterrupted()方法来检查每个线程的中断状态。

【例 7.10】 Test Interrupt

```
public class TestInterrupt implements Runnable{
    public void run() {
        Thread tt = Thread.currentThread();
        while(! Thread.interrupted()){
            System.out.println(tt.getName() + ":在 run 中执行!");
        }
        System.out.println(tt.getName() + ":被 interrupted 打断执行结束");
    }


    public static void main(String[] args) {
    TestInterrupt si = new TestInterrupt();
    Thread t = new Thread(si,"线程 1");
    t.start();
    try {
        Thread.sleep(10);//使新线程得到运行的机会
    } catch (InterruptedException x) {}
    System.out.println(Thread.currentThread().getName() + ":interrupt 线程 1");
    t.interrupt();//中断线程 1
    System.out.println(Thread.currentThread().getName() + ":结束);
    }
}
```

程序运行结果:

线程 1:在 run 中执行!
线程 1:在 run 中执行!
线程 1:在 run 中执行!
线程 1:在 run 中执行!
线程 1:在 run 中执行!
线程 1:在 run 中执行!
线程 1:在 run 中执行!
线程 1:在 run 中执行!
线程 1:在 run 中执行!
线程 1:在 run 中执行!
线程 1:在 run 中执行!
线程 1:在 run 中执行!
线程 1:在 run 中执行!
main:interrupt 线程 1
线程 1:在 run 中执行!
main:结束
线程 1:被 interrupted 打断执行结束

其中,使用 Thread.currentThread().isInterrupted()效果一样,只是这个方法不清除中断标记,再判断时标记还在。

【例 7.11】InterruptCheck.java

```
public class InterruptCheck{
    public static void main(String[] args){
        Thread t = Thread.currentThread();
        System.out.println("A:t.isInterrupted() = " + t.isInterrupted());
        t.interrupt();
        System.out.println("B:t.isInterrupted() = " + t.isInterrupted());
        System.out.println("C:t.isInterrupted() = " + t.isInterrupted());
        try {
            Thread.sleep(2000);
            System.out.println("线程没有被中断!");
        } catch ( InterruptedException x ) {
            System.out.println("线程被中断!");
        }
        //因为 sleep 抛出了异常,所以它清除了中断标志
        System.out.println("D:t.isInterrupted() = " + t.isInterrupted());
    }
}
```

输出结果:

```
A:t.isInterrupted() = false
B:t.isInterrupted() = true
C:t.isInterrupted() = true
线程被中断!
D:t.isInterrupted() = false
```

程序说明:通过 Thread 类中的 currentThread()方法,取得当前运行的线程,因为此代码是在 main()方法之中运行,所以当前的线程就为 main()线程。因为没有调用中断方法,最开始线程未中断,调用了 t.interrupt();中断方法,所以之后的线程状态都为中断。本应当让线程开始休眠,但此时线程已经被中断,所以这个时候会抛出中断异常,抛出中断异常之后,会清除中断标记,因此最后在判断是否中断的时候,会返回线程未中断。

第 8 章　输入输出流

所有的计算机程序都必须接收输入和产生输出。针对输入、输出，Java 提供了丰富的类库进行相应的处理，包括从普通的流式输入输出到复杂的文件随机访问。本章介绍 Java 中的相关输入输出流。

8.1　流的基本概念

计算机系统使用的信息都是从输入经过计算机流向输出。这种数据流动就称为流(Stream)。

① 流(stream)是指一组有顺序、有起点和终点的字节集合，是对数据传输的总称或抽象。数据在两个对象之间的传输称为流。

② 流的方向：数据由外部输入设备流向内存的过程称为数据输入；由内存流向外部输出设备的过程称为数据输出。因此，从程序所在的内存角度看，流入内存的为输入流，流出内存的为输出流。

③ 流的基本操作：读和写。从流中取得数据的操作称为读；向流中添加数据的操作称为写。输入流只能进行读；输出流只能进行写。

在程序代码中，用输入流从外部设备中读取数据到内存；用输出流将内存数据写到外部设备中。Java 中不同的外部设备对应不同的流类，如图 8.1 所示。

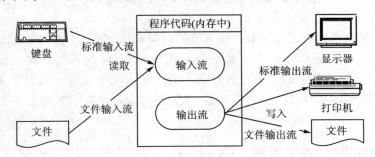

图 8.1　Java 中不同设备对应不同输入输出流

流还可以采用缓冲区技术：对流进行读/写操作，一次只能读/写一个字节，数据传输效率低。为提高效率，将一块内存空间设计成缓冲区。配备缓冲区的流称为缓冲流。

① 当向流写入数据时，数据被发送到缓冲区，当缓冲区满时，系统将数据全部发送到相应的设备。如果在此之前要传输数据，可以使用 flush() 操作；

② 当从流读取数据时,系统实际从缓冲区读。当缓冲区空时,系统就从相关设备自动读取数据充满缓冲区。

在 Java 中,通过 java.io 包提供的类来表示流,基本的输入输出流包括两大类:字节流和字符流。字节流是指以字节作为流中元素的基本类型。字符流是指以字符作为流中元素的基本类型。对应的类为 InputStream 抽象的字节输入流根类,OuputStream 抽象的字节输出流根类,Reader 抽象的字符输入流根类,Writer 抽象的字符输出流根类。从这两类基本的输入输出流派生出面向特定处理的流,如缓冲区读写流、文件读写流等。Java 定义的流如表 8.1 所列。

表 8.1　Java 定义的输入输出流

流描述	输入流	输出流
音频输入输出流	AudioInputStream	AudioOutputStream
字节数组输入输出流	ByteArrayInputStream	ByteArrayOutputStream
文件输入输出流	FileInputStream	FileOutputStream
过滤器输入输出流	FilterInputStream	FilterOutputStream
基本输入输出流	InputStream	OutputStream
对象输入输出流	ObjectInputStream	ObjectOutputStream
管道输入输出流	PipedInputStream	PipedOutputStream
顺序输入输出流	SequenceInputStream	SequenceOutputStream
字符缓冲输入输出流	StringBufferInputStream	StringBufferOutputStream

8.2　字节输入/输出流类

首先简单介绍所有面向字节的输入流的超类 InputStream 类和所有面向字节的输出流的超类 OutputStream 类。他们有众多的子类,针对不同的输入输出设备就有不同的输入输出子类,以及其他的对基本输入输出字节流进行加工的子类。这里主要介绍标准输入/输出流,文件字节流,数据字节流,对象字节流几个子类的具体内容。

8.2.1　InputStream 字节输入流

字节输入流类 InputStream 是所有面向字节的输入流超类。基本定义:

```
public abstract class InputStream extends Object    implements Closeable{
    public abstract int read() throws IOException;  //返回读取的一个字节,抽象方法
    public int read(byte[] b) throws IOException
//读取若干字节到指定缓冲区数组 b,返回实际读取的字节数,遇到文件结尾返回 −1。
    public void close() throws IOException  //关闭输入流
```

```
    public int available() throws IOException//返回流中可用的字节数。
    public void mark(int readlimit) throws IOException//输入流中标志当前位置。
    public int read(byte[] b, int off, int len) throws IOException
    //从输入流中读取 len 个字节并写入 b 中,位置从 off 开始。返回写的字节数。
    public void reset() throws IOException//重定位到上次输入流中调用的位置。
    public long skip(long n) throws IOException
    //跳过输入流中 n 个字节,返回跳过的字节数,遇到文件结尾返回 -1。
}
```

针对不同用途,Java 定义了 InputStream 类的多个子类。

8.2.2 OutputStream 字节输出流

字节输出流类 OutputStream:所有面向字节的输出流超类。基本定义:

```
public abstract class OutputStream extends Object implements Closeable, Flushable{
    public abstract void write(int b) throws IOException;  //写入一个字节,抽象方法
    public void write(byte[] b) throws IOException//将缓冲区中的若干字节写入输出流
    public void flush() throws IOException   //立即传输
    public void close() throws IOException   //关闭输出流,释放与流相关的系统资源
}
```

以上三个方法是输出流的最基本的操作,用于向流中写入数据。针对不同用途,Java 定义了 OutputStream 类的多个子类。

8.2.3 Java 标准输入/输出

Java 定义了两个流对象 System.in 和 System.out,允许用户在自己的程序中直接使用。System.in 对象允许用户从键盘读取数据,System.out 对象可以产生屏幕输出。它们是标准输入/输出常量,基本定义如下:

```
public final class System extends Object {
    public final static InputStream in  //标准输入常量
    public final static PrintStream out  //标准输出常量
    public final static PrintStream err//标准错误输出常量
}
```

其中,System.in 是 InputStream 类的常量对象,调用 read()方法可以从键盘接收数据;System.out 是 PrintStream 类的常量对象,调用 print()和 println()方法可以向显示器输出数据。这里的 PrintStream 类,其基本定义如下:

```
public class PrintStream extends FilterOutputStream {
    public void print(boolean b)
    public void print(char c)
    public void print(long l)
```

```
        public void print(int i)
        public void print(float f)
        public void print(double d)
        public void print(String s)
        public void print(Object obj)
        public void println()
    }
```

可以看到多个重载的print()方法,用于将信息显示在屏幕上。接下来,看一个System.in和System.out具体使用的例子。例子中通过键盘输入一些信息到程序中,然后再将这些信息输出到屏幕上显示出来。

【例8.1】 标准输入/输出。使用流对象System.in和System.out,接收用户从键盘上输入的数据并将数据输出到屏幕上。源程序代码如下:

```
import java.io.*;
public class KeyboardInput{
    public static void main(String args[]) throws IOException{
            //抛出异常交由 Java 虚拟机处理
        System.out.print("输入:");
        byte buffer[] = new byte[512];              //以字节数组作为缓冲区
        int count = System.in.read(buffer);
        //从标准输入流中读取若干字节到指定缓冲区,返回实际读取的字节数
        System.out.print("输出:");
        for (int i = 0;i<count;i++)                 //按字节方式输出 buffer 元素值
            System.out.print(" " + buffer[i]);
        System.out.println();

        for (int i = 0;i<count;i++)                 //按字符方式输出 buffer 元素值
            System.out.print((char) buffer[i]);
        System.out.println("count = " + count);     //实际读取的字节数
    }
}
```

程序执行结果:

输入:hhhh,fei chang xihuan
输出: 104 104 104 104 44 102 101 105 32 99 104 97 110 103 32 120 105 104 117 97 110 13 10
hhhh,fei chang xihuan
count = 23

程序说明:当程序执行时,屏幕显示"输入:"然后程序阻塞,等待用户输入,当用

户输入"hhhh,fei chang xihuan"并按回车,便会输出下面的内容。很显然,程序在执行到 System.in.read(buffer);语句时,程序阻塞等待用户的输入,用户的输入存入了 buffer 数组中,然后通过两个循环显示出,字节型的数据和字符型的数据。

8.2.4　Scanner 类

Scanner 类:常常用来与 System.in 配合使用一个接受键盘输入,是一个可以使用正则表达式来分析基本类型和字符串的简单文本扫描器。Scanner 使用分隔符模式将其输入分解为标记,默认情况下该分隔符模式与空格匹配。然后可以使用不同的 next 方法将得到的标记转换为不同类型的值。

```
public final class Scanner extendsObject implements Iterator<String>{
    public Scanner(File source) throws FileNotFoundException//从指定文件扫描
    public Scanner(String source) //从指定字符串扫描
    public Scanner(InputStream source)//从指定的输入流扫描
    public boolean hasNext()//此扫描器的输入中有另一个标记,则返回 true。
    publicString next()//查找并返回来自此扫描器的下一个完整标记。
    public boolean hasNextInt()//如果通过使用 nextInt() 方法,此扫描器输入信息中的下一个标记可以解释为默认基数中的一个 int 值,则返回 true。
    public int nextInt()//将输入信息的下一个标记扫描为一个 int。
    public boolean hasNextLong()//如果通过使用 nextLong() 方法,此扫描器输入信息中的下一个标记可以解释为默认基数中的一个 long 值,则返回 true。
    public long nextLong()//将输入信息的下一个标记扫描为一个 long。
    public boolean hasNextFloat()//如果通过使用 nextFloat() 方法,此扫描器输入信息中的下一个标记可以解释为默认基数中的一个 float 值,则返回 true。
    public float nextFloat()//将输入信息的下一个标记扫描为一个 float。
}
```

例如,使用户能够从 System.in 中读取一个数:

```
Scanner sc = new Scanner(System.in);
int i = sc.nextInt();
```

再看一个例子,使 long 类型可以通过 myNumbers 文件中的项分配:

```
Scanner sc = new Scanner(new File("myNumbers"));
while (sc.hasNextLong()) {
    long aLong = sc.nextLong();
}
```

扫描操作可能被阻塞,随即等待信息的输入。next() 和 hasNext() 方法及其基本类型方法,如 nextInt() 和 hasNextInt(),首先跳过与分隔符模式匹配的输入,然后尝试返回下一个标记。在等待更多输入时 hasNext 和 next 方法都可能阻塞。hasNext 方法是否阻塞与其相关的 next 方法是否阻塞无关。

【例8.2】 Scanner 输入。使用流对象 System.in 和 Scanner,接收用户从键盘上输入的数据并将数据输出到屏幕上。源程序代码如下:

```
import java.util.Scanner;
    public class TextScanner{
        public static void main(String [] args){
        Scanner input = new Scanner(System.in);//创建 Scanner 对象 接受从控制台输入
        System.out.println("请输入名字:");
        String name = input.next();//接受 String 型
        System.out.println("请输入学号:");    //接受 int 型
        int id = input.nextInt();//什么类型 next 后面就接什么 注意大小写
        System.out.println("名字为:" + name + "\t学号为:" + id);    //输出结果
        }
}
```

运行结果:

请输入名字:
name
请输入学号
123
名字为:name　　学号为:123

程序实现了从控制台输入 int 型数字和字符串的功能,如果要输入字符串用 String a = scanner.next();注意不是 nextString()。

【例8.3】 Scanner 还可以直接扫描文件。

程序如下:

```
import java.util.*;
import java.io.*;
public class ScannerTest {
    public static void main(String[] args) throws IOException{ //这里涉及到文件 io 操作
        double sum = 0.0;
        int count = 0;
        FileWriter fout = new FileWriter("text.txt");
        fout.write("2 2.2 3 3.3 4 4.5 done"); //往文件里写入字符串
        fout.close();
        FileReader fin = new FileReader("text.txt");
        Scanner scanner = new Scanner(fin); //注意这里的参数是 FileReader 类型的 fin
        while(scanner.hasNext()){//如果有内容
            if(scanner.hasNextDouble()){//如果是数字
                sum = sum + scanner.nextDouble();
                count + + ;
```

```
            }else{
                String str = scanner.next();
                if(str.equals("done")){
                    break;
                }else{
                    System.out.println("文件格式错误!");
                    return;
                }
            }
        }
        fin.close();
        System.out.println("文件中数据的平均数是:" + sum/count);
    }
}
```

结果输出：

文件中数据的平均数是:3.1666666666666665

这段程序的功能是将"2 2.2 3 3.3 4 4.5 done"写入文件 scanner 读取文件中的数直到 done 结束,并求出数字的平均值。scanner 会自动以空格作为分割符区分不同数字。当然也可以通过 scanner.useDelimiter(Pattern pattern)来设置不同的分割符,比如 scanner.useDelimiter(",*");

扫描器还可以使用不同于空格的分隔符。下面是从一个字符串读取若干项的例子：

```
String input = "1 fish 2 fish red fish blue fish";
Scanner s = new Scanner(input).useDelimiter("\\s*fish\\s*");
System.out.println(s.nextInt());
System.out.println(s.nextInt());
System.out.println(s.next());
System.out.println(s.next());
s.close();
```

输出为：

```
1
2
red
blue
```

以下代码使用正则表达式同时分析所有的 4 个标记,并可以产生与上例相同的输出结果：

```
String input = "1 fish 2 fish red fish blue fish";
```

```
Scanner s = new Scanner(input);
s.findInLine("(\\d+) fish (\\d+) fish (\\w+) fish (\\w+)");
MatchResult result = s.match();
for (int i=1; i<=result.groupCount(); i++)
    System.out.println(result.group(i));
s.close();
```

扫描器所使用的默认空格分隔符通过 Character.isWhitespace 来识别。

```
findInLine(java.lang.String);
findWithinHorizon(java.lang.String, int);
skip(java.util.regex.Pattern);
```

方法的执行与分隔符模式无关。这些方法会尝试匹配与输入中的分隔符无关的指定模式,因此可用于分隔符无关的特殊环境中。在等待更多输入时这些方法可能阻塞。

8.2.5 文件字节流

文件字节流用于对文件进行输入输出的操作,每次也都是向文件写入一个字节或从文件读出一个字节。文件字节输入流 FileInputStream 用于从文件读数据。文件字节输出流 FileOutputStream 用于向文件写数据。

1. FileInputStream 类

FileInputStream 从文件系统中的某个文件中获取输入字节。哪些文件可用取决于主机环境。FileInputStream 用于读取诸如图像数据之类的原始字节流。要读取字符流,使用 FileReader。FileInputStream 的基本定义如下:

```
public class FileInputStream extendsInputStream{
    public FileInputStream (String name) throws FileNotFoundException
    //通过打开一个到实际文件的链接,创建文件输入流,参数 name 为文件的实际路径。
    public FileInputStream (File file) throws FileNotFoundException
    //通过打开一个到实际文件的链接,创建一个文件输入流,参数 file 是一个文件对象。
    public int read() throws IOException
    public int read(byte[] b) throws IOException
    public int read(byte[] b ,int off , int len) throws IOException
    public void close() throws IOException
}
```

从文件中读取信息最基本的就 3 条语句:

```
FileInputStream fin = new FileInputStream ("文件1");
//创建"文件1"的输入流对象
count = fin.read(buffer);
//从文件1中读取的数据放入数组 buffer 中,count 中是返回读出的字节数,当返回 -1 时
```

文件读完。
```
fin.close(); //关闭输入流
```

【例 8.4】 使用 FileInputStream 对象打开源程序文件。源程序代码如下：

```java
import java.io.*;
public class UseFileInputStream {
    public static void main(String[] args){
        byte buf[] = new byte[1024];
        try{//构造文件输入流
            FileInputStream fileIn = new FileInputStream("First.txt");
              //存入缓冲 buf
            int bytes = fileIn.read(buf,0,1024);
            String inStr = new String(buf,0,bytes);
            //输出文件内容
            System.out.println(inStr);
        } catch(IOException e) {
            System.out.println(e.getMessage());
        }
    }
}
```

程序输出结果：

Hello First File InputStream!!

结果如图 8.2 所示。

图 8.2　First.txt 文件内容

2. FileOutputStream 类

FileOutputStream 文件输出流是用于将数据写入 File 或 FileDescriptor 的输出流。文件是否可用或能否可以被创建取决于操作系统平台。特别是某些平台一次只允许一个 FileOutputStream（或其他文件写入对象）打开文件进行写入。在这种情况下，如果所涉及的文件已经打开，则此类中的构造方法将失败。FileOutputStream 用于写入诸如图像数据之类的原始字节的流。要写入字符流，使用 FileWriter。FileOutputStream 的基本定义如下：

Java语言程序设计基础

```
public class FileOutputStream extendsOutputStream{
    public FileOutputStream (String name) throws FileNotFoundException
    //创建输出流,写到指定的 name 文件
    public FileOutputStream (File file) throws FileNotFoundException
    //创建输出流写到特定的 file 对象
    public FileOutputStream (String name, Boolean append) throws FileNotFoundException
    //是否以追加的方式写到指定的 name 文件
    public int write(int b) throws IOException
    public int write (byte[] b) throws IOException
    public int write (byte[] b ,int off , int len) throws IOException
    public void close() throws IOException
}
```

其中,构造方法中的 append 默认 false。true 为添加方式,数据添加在原文件的末尾 false 为重写方式,数据从原文件开始处写入,覆盖文件中原有的数据。

向文件中写入信息最基本的就 3 条语句:

```
FileOutputStream fout = new  FileOutputStream("文件 1");
//创建"文件 1"的输出流对象
fout.write(buffer);
//将 buffer 数组中的数据写入输出流,即写入到文件中。
fout.close();   //关闭输出流
```

这里需要注意的是:读文件时指定文件不存在,抛出异常;写文件时指定文件不存在,则创建一个新文件写入数据。

【例 8.5】使用 FileOutputStream 对象,打开一个文件,写入一行文本,然后追加一行从键盘接收的字符串。源程序代码如下:

```
import java.io.*;
public class UseFileOutputStream {
    public static void main(String[] args){
        byte buf[] = new byte[255];
        byte bufIn[] = new byte[255];
        try{
            String str = "你好,这是已有的文本";
            buf = str.getBytes();
            //创建文件输出流对象
            FileOutputStream fileOut = new FileOutputStream("Hello.txt");
            fileOut.write(buf,0,buf.length); //写入文件
            fileOut.flush();
            fileOut.close();
            System.out.println("\n 请输入一行文本:");
```

```
            int bytes = System.in.read(bufIn,0,255);  //从键盘接收文本
            fileOut = new FileOutputStream("Hello.txt",true); //追加文本
            fileOut.write(bufIn,0,bytes);
        } catch(IOException e) {
            System.out.println(e.getMessage());
        }
    }
}
```

程序执行结果：

请输入一行文本：
hello! Tom

在当前文件夹下出现了 Hello.txt 文件，打开文件可以看到如图 8.3 所示内容：

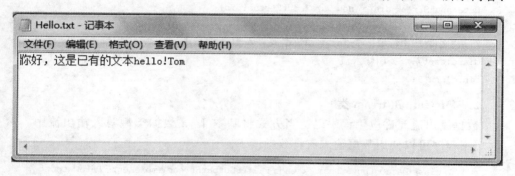

图 8.3　程序运行写入的文件内容

8.2.6　数据字节流

数据流允许程序按与机器无关的风格读取或写入数据。可以读取或写入任何 Java 类型数据。以前只能写字节数据，现在通过使用数据输入流 DataInputStream 和数据输出流 DataOutputStream 任何 Java 数据类型的数据都能写了。数据字节流是在字节流的基础上对数据进行加工。真正进行传输的还是用于传输的字节流本身。

1. DataInputStream 类

数据输入流允许应用程序以与机器无关的方式从基础输入流中读取基本 Java 数据类型。应用程序可以使用数据输出流写入稍后由数据输入流读取的数据。

```
public class DataInputStream extends FilterInputStream implements DataInput{
    public DataInputStream(InputStream in)
    //使用指定的基础 InputStream 创建一个 DataInputStream
    public final short readShort() throws IOException
    public final byte readByte() throws IOException
```

```
public final int readInt() throws IOException          //读取一个整型
public final long readLong() throws IOException
public final float readFloat() throws IOException
public final double readDouble() throws IOException
public final char readChar() throws IOException        //读取一个字符
public final boolean readBoolean() throws IOException
}
```

其中,当输入流结束时,抛出 EOFException 异常;发生 I/O 错误时,抛出 IOException 异常。

使用 DataInputStream 从文件中读取信息最基本的就 5 条语句:

```
FileInputStream fin = new FileInputStream ("文件1");
//创建"文件1"的输入流对象
DataInputStream din = new DataInputStream(fin);
int arrInt = din.readInt();
//从"文件1"中读取一个 int 类型数据放入 arrInt 变量中。
din.close();//关闭输入流
fin.close();
```

2. DataOutputStream 类

数据输出流允许应用程序以适当方式将基本 Java 数据类型写入输出流中。然后,应用程序可以使用数据输入流将数据读入。

```
public class DataOutputStream extends FilterOutputStream implements DataOutput{
    public DataOutputStream(OutputStream out)
    //创建一个新的数据输出流,将数据写入指定基础输出流。
    public final void writeByte(int v) throws IOException
    public final void writeShort(int v) throws IOException
    public final void writeInt(int v) throws IOException       //写入一个整型
    public final void writeLong(long v) throws IOException
    public final void writeFloat(float v) throws IOException
    public final void writeDouble(double v) throws IOException
    public final void writeChar(int v) throws IOException      //写入一个字符
    public final void writeBoolean(boolean v) throws IOException
    public final void writeChars(String s) throws IOException
    public final int size()//返回实际写入的字节数
}
```

DataOutputStream 向文件中写入信息最基本的就 5 条语句:

```
FileOutputStream fout = new FileOutputStream("文件1");
//创建"文件1"的输出流对象
DataOutputStream dout = new DataOutputStream(fout);
```

```
    dout.writeInt(arrInt);
//将 int 类型变量 arrInt 中的数据写入输出流,即写入到文件中。
    dout.close();//关闭输出流
    fout.close();
```

【例 8.6】将 20 以内 3 的倍数写入一个整数类型文件中。数据写入文件的思路同标准输出,捕获异常控制输入结束。

程序如下:

```java
import java.io.*;
public class IntFile {
    private String filename;
    public IntFile(String filename) {
        this.filename = filename;
    }

    public void writeToFile() throws IOException{
        FileOutputStream fout = new FileOutputStream(this.filename);
        DataOutputStream dout = new DataOutputStream(fout);
        int i = 3;
        while (i<20) {
            dout.writeInt(i);
            i = i + 3;
        }
        dout.close();
        fout.close();
        System.out.println("写 3 的倍数到文件" + this.filename);
    }
    public void readFromFile() throws IOException {
        FileInputStream fin = new FileInputStream(this.filename);
        DataInputStream din = new DataInputStream(fin);
        System.out.println(this.filename + ":");
        while (true)
            try {
                int i = din.readInt();
                System.out.print(i + "  ");
            } catch (EOFException ioe){
                break;
            }
        System.out.println();
        din.close();
        fin.close();
```

```
            }
            public static void main(String args[]) throws IOException{
                IntFile afile = new IntFile("FibIntFile.dat");
                afile.writeToFile();
                afile.readFromFile();
            }
}
```

运行结果：

写3的倍数到文件 FibIntFile.dat
FibIntFile.dat：
3 6 9 12 15 18

8.2.7 对象字节流

对象流可以直接写入或读取一个对象。对象流分为：对象输入流 ObjectInputStream 和对象输出流 ObjectOutputStream。它们必须建立在其他流之上。传输的关键是把有特殊结构的对象进行序列化，然后通过其他流来进行传输。

ObjectOutputStream 和 ObjectInputStream 分别与 FileOutputStream 和 FileInputStream 一起使用时，可以为应用程序提供对对象图形的持久性存储。ObjectInputStream 用于恢复那些以前序列化的对象。其他用途包括使用套接字流在主机之间传递对象，或者用于编组和解组远程通信系统中的实参和形参。ObjectInputStream 确保从流创建的图形中所有对象的类型与 Java 虚拟机中的显示的类相匹配。使用标准机制按需加载类。

只有支持 java.io.Serializable 或 java.io.Externalizable 接口的对象才能从流读取。序列化与 Serializable 接口：由于一个类的对象包含多种信息，为了保证从对象流中能够读取到正确的对象，要求所有写入对象流的对象都必须是序列化的对象。一个类如果实现了序列化 Serializable 接口，那么这个类的对象就是序列化的对象。Serializable 接口中没有方法，因此实现该接口的类不需要实现额外的方法。一个序列化的子类对象也是序列化的。如果一个对象的成员变量是一个对象，那么这个对象的数据成员也会被保存。如果一个可序列化的对象包含对某个不可序列化的对象的引用，那么整个序列化操作将会失败，并且会抛出一个 NotSerializableException。

1. ObjectInputStream 类

对象输入流 ObjectInputStream：用于恢复那些序列化的对象。ObjectInputStream 对以前使用 ObjectOutputStream 写入的基本数据和对象进行反序列化。基本定义：

```
public class ObjectInputStream extendsInputStream
                    implementsObjectInput, ObjectStreamConstants{
```

```
        public ObjectInputStream(InputStream in) throws
                        IOException,StreamCorruptedException
        public final Object readObject() throws
            OptionalDataException,ClassNotFoundException,IOException
        //读取时,需要将其强制转换为期望的类型
}
```

readObject 方法用于从流读取对象。应该使用 Java 的安全强制转换来获取所需的类型。在 Java 中,字符串和数组都是对象,所以在序列化期间将其视为对象。读取时,需要将其强制转换为期望的类型。可以使用 DataInput 上的适当方法从流读取基本数据类型。

默认情况下,对象的反序列化机制会将每个字段的内容还原为写入时它所具有的值和类型。反序列化进程将忽略声明为瞬态或静态的字段。到其他对象的引用使得根据需要从流中读取这些对象。使用引用共享机制能够正确地还原对象的图形。反序列化时始终分配新对象,这样可以避免现有对象被重写。

读取对象类似于运行新对象的构造方法。为对象分配内存并将其初始化为零(NULL)。为不可序列化类调用无参数构造方法,然后从以最接近 java.lang.object 的可序列化类开始和以对象的最特定类结束的流还原可序列化类的字段。

例如,从流读取,请执行以下操作:

```
FileInputStream fis = new FileInputStream("t.tmp");
ObjectInputStream ois = new ObjectInputStream(fis);
int i = ois.readInt();
String today = (String) ois.readObject();
Date date = (Date) ois.readObject();
ois.close();
```

类控制实现 java.io.Serializable 或 java.io.Externalizable 接口时的序列化方式。实现 Serializable 接口允许对象序列化,以保存和还原对象的全部状态,并且允许类在写入流时的状态和从流读取时的状态之间变化。它自动遍历对象之间的引用,保存和还原全部图形。在序列化和反序列化进程中需要特殊处理的 Serializable 类应该实现以下方法:

```
private void writeObject(java.io.ObjectOutputStream stream)  throws IOException;
private void readObject(java.io.ObjectInputStream stream)
                    throws IOException, ClassNotFoundException;
```

readObject 方法负责使用通过对应的 writeObject 方法写入流的数据,为特定类读取和还原对象的状态。该方法本身的状态,不管是属于其超类还是属于其子类,都没有关系。还原状态的方法是,从个别字段的 ObjectInputStream 读取数据并将其分配给对象的适当字段。DataInput 支持读取基本数据类型。

尝试读取由对应的 writeObject 方法写入的超出自定义数据边界的对象数据将导致抛出 OptionalDataException(eof 字段值为 true)。超出已分配数据末尾的非对象读取以指示流末尾的方式反映数据末尾：按位读取与字节读取或字节数读取一样，将返回 -1，基元读取将抛出 EOFException。如果不存在对应的 writeObject 方法，则默认的序列化数据的末尾标记已分配数据的末尾。

对于没有实现 java.io.Serializable 接口的任何对象，序列化不会对其字段进行读取或赋值。非 serializable 的 Object 的子类可以为 serializable。在此情况下，非 serializable 类必须具有无参数的构造方法以允许其字段能被初始化。在此情况下，子类负责保存和还原非 serializable 类的状态。经常出现的情况是，该类的字段是可访问的(public、package 或 protected)，或者存在可用于还原状态的 get 和 set 方法。反序列化对象进程中发生的所有异常将由 ObjectInputStream 捕获并将中止读取进程。

2. ObjectOutputStream 类

对象输出流 ObjectOutputStream：将 Java 对象的基本数据类型写入 OutputStream。可以使用 ObjectInputStream 读取(重构)对象。通过使用流中的文件可以实现对象的持久存储。如果流是网络套接字流，则可以在另一台主机上或另一个进程中重构对象。

```
public class ObjectOutputStream extends OutputStream
                            implements ObjectOutput, ObjectStreamConstants{
    public ObjectOutputStream(OutputStream Out) throws IOException
    public final void writeObject (Object obj) throws IOException
}
```

只能将支持 java.io.Serializable 接口的对象写入流中。每个 serializable 对象的类都被编码，编码内容包括类名和类签名、对象的字段值和数组值，以及从初始对象中引用的其他所有对象的闭包。

writeObject 方法用于将对象写入流中。所有对象(包括 String 和数组)都可以通过 writeObject 写入。可将多个对象或基元写入流中。必须使用与写入对象时相同的类型和顺序从相应的 ObjectInputstream 中读回对象。

还可以使用 DataOutput 中的适当方法将基本数据类型写入流中。还可以使用 writeUTF 方法写入字符串。

对象的默认序列化机制写入的内容是：对象的类，类签名，以及非瞬态和非静态字段的值。其他对象的引用(瞬态和静态字段除外)也会导致写入那些对象。可使用引用共享机制对单个对象的多个引用进行编码，这样即可将对象的图形还原为最初写入它们时的形状。

例如，写入对象，请执行以下操作：

```
FileOutputStream fos = new FileOutputStream("t.tmp");
```

```
ObjectOutputStream oos = new ObjectOutputStream(fos);
oos.writeInt(12345);
oos.writeObject("Today");
oos.writeObject(new Date());
oos.close();
```

在序列化和反序列化过程中需要特殊处理的类必须实现具有下列准确签名的特殊方法：

```
private void readObject(java.io.ObjectInputStream stream)
                  throws IOException, ClassNotFoundException;
private void writeObject(java.io.ObjectOutputStream stream)
                  throws IOException
```

writeObject 方法负责写入特定类的对象状态，以便相应的 readObject 方法可以还原它。该方法本身不必与属于对象的超类或子类的状态有关。状态是通过使用 writeObject 方法或使用 DataOutput 支持的用于基本数据类型的方法将各个字段写入 ObjectOutputStream 来保存的。

序列化操作不写出没有实现 java.io.Serializable 接口的任何对象的字段。不可序列化的 Object 的子类可以是可序列化的。在此情况下，不可序列化的类必须有一个无参数构造方法，以便允许初始化其字段。在此情况下，子类负责保存和还原不可序列化的类的状态。经常出现的情况是，该类的字段是可访问的（public、package 或 protected），或者存在可用来还原状态的 get 和 set 方法。

实现 writeObject 和 readObject 方法可以阻止对象的序列化，这时抛出 NotSerializableException。ObjectOutputStream 导致发生异常并中止序列化进程。

【例 8.7】将日期对象和向量对象写入文件，然后从文件中读出并输出到屏幕上。要求向量对象含有三个值"语文"、"数学"和"物理"。源程序代码如下：

```
import java.io.*;
import java.util.*;
public class UseStream{
    public static void main(String[] args){
    Vector v = new Vector();//构建 Vector 对象
    v.add("语文");
    v.add("数学");
    v.add("物理");
    try{ //文件处理对象
        File f = new File("temp.txt");
        FileOutputStream fOut = new FileOutputStream(f);
        ObjectOutputStream objOut = new ObjectOutputStream(fOut);
        objOut.writeObject(new Date());//写入日期对象
        objOut.writeObject(v); //写入 Vector 对象
```

```
        objOut.close();

    FileInputStream fIn = new FileInputStream(f);
        ObjectInputStream objIn = new ObjectInputStream(fIn);
        Object ob1 = objIn.readObject();//读取对象输出
        System.out.println(ob1);
        Object ob2 = objIn.readObject();
        System.out.println(ob2);
    } catch(IOException e) {
        System.out.println(e.getMessage());
    }catch(ClassNotFoundException e){
        System.out.println(e.getMessage());
    }
  }
}
```

运行结果:

Tue Nov 01 12:56:12 GMT 2016
[语文,数学,物理]

8.3 字符输入/输出流类

抽象字符流是面向字符流的超类,其有很多子类,这里只为大家介绍文件字符流和字符缓冲流两个的使用方法。

8.3.1 Reader 字符输入流

字符输入流 Reader:为所有面向字符的输入流的超类。声明为 java.io 中的抽象类。

```
public abstract class Reader extends Object implements Readable, Closeable {
    public int read() throws IOException //读取单个字符
    public int read(char cbuf[]) throws IOException //将字符读入数组
    abstract public int read(char cbuf[], int off, int len) throws IOException;
    //将字符读入数组的某一部分
    abstract public void close() throws IOException;
}
```

用于读取字符流的抽象类。子类必须实现的方法只有 read(char[], int, int) 和 close()。但是,多数子类将重写此处定义的一些方法,以提供更高的效率和/或其他功能。

8.3.2 Writer 字符输出流

字符输出类 Writer：为所有面向字符的输出流的超类。声明为 java.io 中的抽象类。

```
public abstract class Writer implements Appendable,Closeable,Flushable{
    public void write(int c) throws IOException//c 的低 16 位写入
    public void write(char[] cbuf)  throws IOException //写入字符数组
    public void write(char[] cbuf,int off,int len) throws IOException
    //写入字符数组的某一部分
    public void write(String str)  throws IOException //写入字符串
    public void write(String str,int off,int len) throws  IOException
    //写入字符串的某一部分
    public abstract void flush()  throws IOException //刷新此流
    public abstract void close() throws IOException
}
```

写入字符流的抽象类。子类必须实现的方法仅有 write(char[]，int，int)、flush() 和 close()。但是，多数子类将重写此处定义的一些方法，以提供更高的效率和/或其他功能。

8.3.3 InputStreamReader

InputStreamReader 是字节流通向字符流的桥梁：它使用指定的 charset 读取字节并将其解码为字符。它使用的字符集可以由名称指定或显式给定，否则可能接受平台默认的字符集。

```
public class InputStreamReader extendsReader{
    public InputStreamReader(InputStream in)
    //创建一个使用默认字符集的 InputStreamReader。
    public InputStreamReader (InputStream in,String charsetName)
                            throwsUnsupportedEncodingException
    //创建使用指定字符集的 InputStreamReader。
    public InputStreamReader(InputStream in,Charset cs)
    //创建使用给定字符集的 InputStreamReader。
    public InputStreamReader(InputStream in,CharsetDecoder dec)
    //创建使用给定字符集解码器的 InputStreamReader。
    publicString getEncoding()//返回此流使用的字符编码的名称。
    public int read() throwsIOException//读取单个字符。
    public int read(char[] cbuf,int offset,int length) throwsIOException
    //将字符读入数组中的某一部分。
    public boolean ready()throwsIOException
    //告知是否准备读取此流。如果其输入缓冲区不为空,或者可从基础字节流读取字节,
```

则 InputStreamReader 为已做好被读取准备。
  public void close()throwsIOException//关闭该流。
}

  每次调用 InputStreamReader 中的一个 read() 方法都会导致从基础输入流读取一个或多个字节。要启用从字节到字符的有效转换，可以提前从基础流读取更多的字节，使其超过满足当前读取操作所需的字节。为了达到最高效率，可要考虑在 BufferedReader 内包装 InputStreamReader。例如：

  BufferedReader in = new BufferedReader(new InputStreamReader(System.in));

8.3.4 OutputStreamWriter

  OutputStreamWriter 是字符流通向字节流的桥梁：使用指定的 charset 将要向其写入的字符编码为字节。它使用的字符集可以由名称指定或显式给定，否则可能接受平台默认的字符集。

```
public class OutputStreamWriter extendsWriter{
    public OutputStreamWriter(OutputStream out, String charsetName)
                            throwsUnsupportedEncodingException
    //创建使用指定字符集的 OutputStreamWriter。
    public OutputStreamWriter(OutputStream out)
    //创建使用默认字符编码的 OutputStreamWriter。
    public OutputStreamWriter(OutputStream out, Charset cs)
    //创建使用给定字符集的 OutputStreamWriter。
    public OutputStreamWriter(OutputStream out, CharsetEncoder enc)
    //创建使用给定字符集编码器的 OutputStreamWriter。
    publicString getEncoding()//返回此流使用的字符编码的名称。
    public void write(int c) throwsIOException//写入单个字符。
    public void write(char[] cbuf, int off, int len) throwsIOException
    //写入字符数组的某一部分。
    public void write(String str, int off, int len) throws IOException
    //写入字符串的某一部分。
    public void flush()throwsIOException//刷新该流的缓冲。
    public void close()throwsIOException//关闭该流。
}
```

  每次调用 write() 方法都会针对给定的字符(或字符集)调用编码转换器。在写入基础输出流之前，得到的这些字节会在缓冲区累积。可以指定此缓冲区的大小，不过，默认的缓冲区对多数用途来说已足够大。注意，传递到此 write() 方法的字符是未缓冲的。为了达到最高效率，可考虑将 OutputStreamWriter 包装到 BufferedWriter 中以避免频繁调用转换器。例如：

```
Writer out = new BufferedWriter(new OutputStreamWriter(System.out));
```

8.3.5 文件字符流

文件字符流 FileReader 和 FileWriter 类:用于文件字符的输入输出处理,与文件字节流类 FileInputStream、FileOutputStream 的功能相似。

1. FileReader 文件字符输入流

用来读取字符文件的便捷类。此类的构造方法假定默认字符编码和默认字节缓冲区大小都是适当的。要自己指定这些值,可以先在 FileInputStream 上构造一个 InputStreamReader。FileReader 用于读取字符流。要读取原始字节流,使用 FileInputStream。

```
public class FileReader extendsInputStreamReader{
    public FileReader(File file) throws FileNotFoundException
    //在给定从中读取数据的 File 的情况下创建一个新 FileReader
    public FileReader(String fileName) throws FileNotFoundException
    //在给定从中读取数据的文件名的情况下创建一个新 FileReader
    public int read() throws IOException
    public int read(char cbuf[]) throws IOException
}
```

从文件中读取信息最基本的就 3 条语句:

```
FileReader fin = new FileReader ("文件 1");
//创建"文件 1"的输入流对象
fin.read(cbuf);
//从文件字符输入流中读取到一个字符数组
fin.close();//关闭输出流
```

2. FileWriter 文件字符输出流

用来写入字符文件的便捷类。此类的构造方法假定默认字符编码和默认字节缓冲区大小都是可接受的。要自己指定这些值,可以先在 FileOutputStream 上构造一个 OutputStreamWriter。

```
public class FileWriter extendsOutputStreamWriter{
    public FileWriter(File file) throws IOException
    public FileWriter(String filename, Boolean append) throws IOException
    public void write(int c) throws IOException
    public void write(char[] cbuf)   throws IOException
    public void write(String str)    throws IOException //将字符串写入输出流
}
```

文件是否可用或是否可以被创建取决于基础平台。特别是某些平台一次只允许一个 FileWriter(或其他文件写入对象)打开文件进行写入。在这种情况下,如果所涉及的文件已经打开,则此类中的构造方法将失败。FileWriter 用于写入字符流。要写入原始字节流,使用 FileOutputStream。

向文件中写入信息最基本的就 3 条语句,例子:

```
FileWriter fout = new FileWriter("文件1");
//创建"文件1"的输出流对象
fout.write("abc");
//向文件字符输出流写入一个字符串
fout.close();//关闭输出流
```

8.3.6　缓冲字符流

字符缓冲流 BufferedReader 和 BufferedWriter 类:字符流每次只能输入输出一个字符,为加快处理速度以及处理的方便性,可以为其配备缓冲区,因而出现了进行缓冲处理的字符缓冲流。

1. 字符缓冲输入流 BufferedReader

从字符输入流中读取文本,缓冲各个字符,从而提供字符、数组和行的高效读取。可以指定缓冲区的大小,或者可使用默认的大小。大多数情况下,默认值就足够大了。

```
public class BufferedReader extendsReader{
    public BufferedReader(Reader in)
    public BufferedReader(Reader in, int sz) // sz 缓冲区长度
    public String readLine() throws IOException
    //读取一行字符串,输入流结束时返回 null
}
```

通常,Reader 所做的每个读取请求都会导致对基础字符或字节流进行相应的读取请求。因此,建议用 BufferedReader 包装所有其 read() 操作可能开销很高的 Reader(如 FileReader 和 InputStreamReader)。例如

```
BufferedReader in = new BufferedReader(new FileReader("foo.in"));
```

将缓冲指定文件的输入。如果没有缓冲,则每次调用 read() 或 readLine() 都会导致从文件中读取字节,并将其转换为字符后返回,而这是极其低效的。

可以对使用 DataInputStream 进行按原文输入的程序进行本地化,方法是用合适的 BufferedReader 替换每个 DataInputStream。

从文件中读取信息最基本的就 5 条语句:

```
FileReader fin = new FileReader("文件1");
BufferedReader bin = new BufferedReader(fin);
```

```
//创建"文件 1"的输出流对象
aline = bin.readLine();
//读取一行字符串,输入流结束时返回 null
bin.close();
fin.close();
```

2. 字符缓冲输出流 BufferedWriter 类

将文本写入字符输出流,缓冲各个字符,从而提供单个字符、数组和字符串的高效写入。可以指定缓冲区的大小,或者接受默认的大小。在大多数情况下,默认值就足够大了。

```
public class BufferedWriter extendsWriter{
    public BufferedWriter(Writer out)
    public BufferedWriter(Writer out, int sz) // sz 缓冲区长度
    public void newLine() throws IOException //写入换行符。
}
```

该类提供了 newLine() 方法,它使用平台自己的行分隔符概念,此概念由系统属性 line.separator 定义。并非所有平台都使用新行符('\n')来终止各行。因此调用此方法来终止每个输出行要优于直接写入新行符。

通常 Writer 将其输出立即发送到基础字符或字节流。除非要求提示输出,否则建议用 BufferedWriter 包装所有其 write() 操作可能开销很高的 Writer(如 FileWriters 和 OutputStreamWriters)。例如,

```
PrintWriter out = new PrintWriter(new BufferedWriter(new FileWriter("foo.out")));
```

将缓冲 PrintWriter 对文件的输出。如果没有缓冲,则每次调用 print() 方法会导致将字符转换为字节,然后立即写入到文件,而这是极其低效的。

【例 8.8】 将 60 以内的 7 的倍数写入一个文本文件中。

程序如下:

```
import java.io.*;
public class TextFile {
    private String filename;
    public TextFile(String filename) {
        this.filename = filename;
    }
    public void writeToFile() throws IOException {
        FileWriter fout = new FileWriter(this.filename);
        int i = 7;
        while (i<60) {
            fout.write(i+" ");
            i = i +7;
```

```java
        }
        fout.close();
        System.out.println("写7的倍数到文件:" + this.filename);
    }
    public void readFromFile() throws IOException{
        FileReader fin = new FileReader(this.filename);
        BufferedReader bin = new BufferedReader(fin);
        System.out.println(this.filename + ":");
        String aline = "";
        do {
            aline = bin.readLine();
            if (aline! = null)
                System.out.println(aline);
        }while (aline! = null);
        bin.close();
        fin.close();
    }
    public static void main(String args[]) throws IOException{
        TextFile afile = new TextFile("FibFile.txt");
        afile.writeToFile();
        afile.readFromFile();
    }
}
```

程序运行结果：

写7的倍数到文件:FibFile.txt
FibFile.txt:
7 14 21 28 35 42 49 56

第 9 章 网络编程

Java 网络编程技术涵盖了从网络基础知识到远程方法调用（RMI）等各方面的内容，涉及 TCP 和 UDPsocket、服务器 socket、URL 和 URI、组播、使用 JSSE 编写安全的网络应用程序、使用 NIOAPI 编写超高性能的服务器，JXTA 编写 P2P 程序等内容。本书主要是 Java 语言编程基础，因此只介绍最基础的 Java 网络编程技术，包括 URL，TCP 和 UDP socket 通信。

9.1 URL 访问网络资源

本节主要介绍两个类，一个是 URL 类，URL 是统一资源定位符，可以打开到达一个资源的流，从而获取资源的内容，例如，利用一个网页 URL，可以获得此网页的内容是 html 文本；另一个类 URLConnection 类是一个抽象类，定位到资源后可以读取资源内容且获得头信息，同时也可以用来提交表单数据。

9.1.1 URL 类

URL 统一资源定位符，用于在 Internet 上指定信息资源的地址。类 URL 代表一个统一资源定位符，它是指向互联网"资源"的指针。资源可以是简单的文件或目录，也可以是对更为复杂的对象的引用，例如对数据库或搜索引擎的查询。URL 的结构如下：

协议://主机[:端口][/文件][#引用]

URL 支持 HTTP、FILE、FTP 等多种协议。

例如：http://archive.ncsa.uiuc.edu/SDG/Software/Mosaic/Demo/url-primer.html

通常，URL 可分成几个部分。上面的 URL 示例指示使用的协议为 http（超文本传输协议）并且该信息驻留在一台名为 www.ncsa.uiuc.edu 的主机上。主机上的信息名称为 /SDG/Software/Mosaic/Demo/url-primer.html。主机上此名称的准确含义取决于协议和主机。该信息一般存储在文件中，但可以随时生成。该 URL 的这一部分称为路径部分。

URL 可选择指定一个"端口"，它是用于建立到远程主机 TCP 连接的端口号。如果未指定该端口号，则使用协议默认的端口。例如，http 协议的默认端口为 80。还可以指定一个备用端口，如下所示：

http://archive.ncsa.uiuc.edu:80/SDG/Software/Mosaic/Demo/url-primer.html

URL 后面可能还跟有一个"片段",也称为"引用"。该片段由井字符"#"指示,后面跟有更多的字符。例如,

http://java.sun.com/index.html#chapter1

从技术角度来讲,URL 并不需要包含此片段。但是,使用此片段的目的在于表明,在检索到指定的资源后,应用程序需要使用文档中附加有 chapter1 标记的部分。标记的含义特定于资源。

应用程序也可以指定一个"相对 URL",它只包含到达相对于另一个 URL 的资源的足够信息。HTML 页面中经常使用相对 URL。例如,假设 URL 的内容是:http://java.sun.com/index.html,其中包含的相对 URL:FAQ.html。是形式 http://java.sun.com/FAQ.html 的缩写。

相对 URL 不需要指定 URL 的所有组成部分。如果缺少协议、主机名称或端口号,这些值将从完整指定的 URL 中继承。但是,必须指定文件部分。可选的片段部分不继承。

Java 中提供的 URL 类定义:

```
public final class URL extendsObject implements Serializable{
    public URL(String protocol, String host, int port, String file) throws MalformedURLException
        public String toString()  //返回完整 URL 地址字符串
        public String getProtocol() //返回协议名
        public int getPort()        //返回端口
        public int getDefaultPort() //返回默认端口
        public String getHost()    //返回主机名
        public String getFile()    //返回完整文件名
        public String getRef()  //返回引用字符串
        public final InputStream openStream()
        public URLConnection openConnection()
}
```

其中最为重要的两个方法是 openStream() 和 openConnection(),我们会在后面进行详细介绍,首先来看看 URL 类的基本使用内容。

【例 9.1】URL 类的基本使用:

程序如下:

```
import java.net.*;
import java.io.*;
public class URLDemo1{
    public static void main(String[] args){
        try{
```

```
        URL url = new
            URL("http://www.w3cschool.cc/index.html?language=cn#j2se");
        System.out.println("URL is " + url.toString());
        System.out.println("protocol is " + url.getProtocol());
        System.out.println("authority is " + url.getAuthority());
        System.out.println("file name is " + url.getFile());
        System.out.println("host is " + url.getHost());
        System.out.println("path is " + url.getPath());
        System.out.println("port is " + url.getPort());
        System.out.println("default port is " + url.getDefaultPort());
        System.out.println("query is " + url.getQuery());
        System.out.println("ref is " + url.getRef());
    }catch(IOException e){
        e.printStackTrace();
    }
  }
}
```

以上实例编译运行结果如下：

```
URL is http://www.w3cschool.cc/index.html?language=cn#j2se
protocol is http
authority is www.w3cschool.cc
file name is /index.html?language=cn
host is www.w3cschool.cc
path is /index.html
port is -1
default port is 80
query is language=cn
ref is j2se
```

一个 URL 对象仅仅代表一个网络资源，获取资源内容的操作需要使用流。URL 类提供 openStream()方法返回一个字节输入流对象，实现对网络文件进行读操作。

public final InputStream openStream() throws IOException

【例 9.2】通过 URL 类获得 URL 资源内容。URL 类用法示例，URL 是统一资源定位符，可以打开到达一个资源的流，从而获取资源的内容，示例中获取沈阳航空航天大学网站首页的内容，返回的内容是 html 文本，如下。

```
import java.io.IOException;
import java.net.URL;
import java.util.Scanner;
public class URLDemo2{
```

```java
        public static void main(String[] args) {
            try {
                URL url = new URL("http://www.sau.edu.cn");
                Scanner in = new Scanner(url.openStream());
                while (in.hasNextLine())
                    System.out.println(in.nextLine());
            } catch (IOException e) {
                e.printStackTrace();
            }
        }
    }
```

程序运行结果,会返回沈阳航空航天大学网站首页的 html 文本内容。由于内容较多,这里不为大家显示在这里了。

9.1.2　URLConnection 类

使用 URL 类的 openConnection()方法创建一个 URLConnection 对象,对网络资源文件的属性进行操作,获得 URL 资源的相关属性如下:

```
public URLConnection openConnection()  throws  IOException
```

可以看到 openConnection()方法的返回值是一个 URLConnection 对象。抽象类 URLConnection 代表应用程序和 URL 之间的通信链接。此类的实例可用于读取和写入此 URL 引用的资源。

```
public abstract class URLConnection extendsObject{
    public URL getURL()           //返回当前连接的 URL 对象
    public int getContentLength() //返回文件的长度
    public String getContentType() //返回文件的类型
    public long getLastModified()    //返回文件的修改日期
    publicObject getContent() throws IOException//检索此 URL 连接的内容
    publicString getContentEncoding()
    //该 URL 引用的资源的内容编码,或者如果编码为未知,则返回 null
    publicString getHeaderField(String name)//返回指定的头字段的值
    publicString getHeaderField(int n)
    //返回第 n 个头字段的值。如果少于 n+1 个字段,则返回 null
    publicInputStream getInputStream() throws IOException
    //返回从此打开的连接读取的输入流
    publicOutputStream getOutputStream() throws IOException
    //返回写入到此连接的输出流
}
```

注意:URLConnection 类只支持 HTTP 协议。

提供对这些字段的便捷访问。如 getContent 方法使用 getContentType 方法以确定远程对象类型；子类重写 getContentType 方法很容易。对于此接口的大多数客户端而言，只有两个常用的方法：getInputStream 和 getContent，它们通过便捷方法镜像到 URL 类中。

使用 URL 访问网上文件资源，与访问本地文件资源有很多相似之处，表 9.1 对这两种访问做出了对比，读者可以参考学习，从而得到启发。

表 9.1 网络文件与本地文件访问方式对比

	对文件的读写	对文件对象属性的操作
本地文件	流（InputStream）＋文件名（String） 例：new FileInputStream(String)	用 File 类对象 例：new File(String)
网络文件	流（InputStream）＋文件名（URL） URL.openStream()	用 URLConnection 类对象 URL.openConnection()

【例 9.3】通过 URL 类获得 URL 资源的相关属性。URLConnection 类是一个抽象类，定位到资源后可以读取资源内容且获得头信息，同时也可以用来提交表单数据，此示例展示获取资源及头信息。

```
import java.io.IOException;
import java.net.URL;
import java.net.URLConnection;
import java.util.Date;
import java.text.SimpleDateFormat;

public class URLConnectionDemo {
    public static void main(String[] args) {
        try {// 通过在 URL 上调用 openConnection 方法创建连接对象。
            URL url = new URL("http://www.sau.edu.cn");
            URLConnection connection = url.openConnection();
            if (url.getProtocol().equals("http")){   //当 URL 对象使用 HTTP 协议时
                String str_attr = "";
                SimpleDateFormat sdf = new SimpleDateFormat("yyyy - MM - dd hh:mm");
                str_attr += connection.getContentType() + "\t";              //获得
文件类型
                str_attr += connection.getContentLength() + "B\t";           //获得
文件长度
                str_attr += connection.getContentEncoding();
                str_attr += sdf.format(new Date(connection.getLastModified()));
                //获得文件最后修改时间
                System.out.println(str_attr);
            }
```

```
        } catch(IOException e){
            e.printStackTrace();
        }
    }
}
```

运行结果：

text/html; charset = gb2312   - 1B   null1970 - 01 - 01 08:00

9.2 Socket 通信

Socket 是网络上运行的两个程序间双向通信的一端，它既可以接受请求，也可以发送请求，利用它可以较为方便地编写网络上数据的传递。在 Java 中，有专门的 Socket 类来处理用户的请求和响应。利用 Socket 类的方法，就可以实现两台计算机之间的通信。本节介绍在 Java 中如何利用 Socket 进行网络编程。

Socket 有两种主要的操作方式：面向连接的和无连接的。面向连接的 socket 操作就像一部电话，必须建立一个连接和一人呼叫。所有的事情在到达时的顺序与它们出发时的顺序时一样，无连接的 socket 操作就像是一个邮件投递，没有什么保证，多个邮件可能在到达时的顺序与出发时的顺序不一样。

到底用哪种模式是由应用程序的需要决定的。如果可靠性更重要的话，用面向连接的操作会好一些。比如文件服务器需要数据的正确性和有序性，如果一些数据丢失了，系统的有效性将会失去。比如一些服务器间歇性地发送一些数据块，如果数据丢了的话，服务器并不想再重新发一次，因为当数据到达的时候，它可能已经过时了。确保数据的有序性和正确性需要额外操作的内存消耗，而额外的消耗将会降低系统的回应速率。

无连接的操作使用数据报协议。一个数据报是一个独立的单元，它包含了所有的这次投递的信息。可以把它想象成一个信封，它有目的地址和要发送的内容。这个模式下的 socket 不需要连接一个目的的 socket，它只是简单地投出数据报。无连接的操作快速而高效，但是数据安全性不佳。

9.2.1 Socket 通信原理

在介绍 Socket 具体编程之前，先来了解一下网络通信的基本原理。为了使网络通信过程实现以及描起来更简单，将整个过程分层进行处理。每一层处理专门的一部分功能，并向上提供服务。图 9.1 所示是目前较为常用的描述网络通信过程的网络体系结构图，每一层都有相应的协议支撑。其中，每一层的基本功能为：

物理层：任务就是透明地传送比特流。产生并检测电压以便发送和接收携带数据的信号，设定数据传输速率并监测数据出错率，不提供纠错服务。

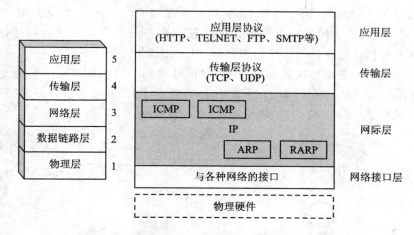

图 9.1　TCP/IP 网络体系结构

数据链路层:任务是在两个相邻结点间的线路上无差错地传送以帧为单位的数据。每一帧包括数据和必要的控制信息。如何在不可靠的物理线路上进行数据的可靠传递。从网络层接收到的数据被分割成帧。帧不仅包括原始数据,还包括发送方和接收方的网络地址以及纠错和控制信息。三个基本问题:帧定界、透明传输、差错检测。

网络层:提供主机之间的通信。其主要功能是决定如何将数据从发送方路由到接收方,主要协议 IP(网际协议)。

传输层:负责主机中两个进程之间的通信,同时进行流量控制。使用两种不同协议:TCP 和 UDP。

应用层:负责对软件提供接口以使程序能使用网络服务,包括文件传输服务、文件管理以及电子邮件的信息处理。协议:HTTP、SMTP、FTP

其中,最为重要的是网络层和传输层。IP 协议:提供主机之间的逻辑通信。"尽力而为",不保证交付、不保证时间、不保证完整性,不可靠服务。传输层:提供源主机和目的主机中两个进程之间的通信。传输层两个协议:

① UDP(用户数据报协议):完成进程间通信和错误校验两项功能,提供不可靠的服务。

② TCP(传输控制协议):保证数据按序、正确的从源主机进程传递到目的主机进程中,提供可靠的服务。

这里要介绍的 Socket 通信就是基于传输层的这两个协议基础上的。接下来我们将分别进行介绍。

9.2.2　TCP Socket 通信实现

面向连接的操作使用 TCP 协议。一个这个模式下的 socket 必须在发送数据之前与目的地的 socket 取得一个连接。一旦连接建立了，socket 就可以使用一个流接口：打开—读—写—关闭。所有的发送的信息都会在另一端以同样的顺序被接收。面向连接的操作比无连接的操作效率更低，但是数据的安全性更高。

  TCP 协议中，IP 地址找到对应主机，端口号找到主机上的对应的服务进程，因此：IP 地址＋端口号＝套接口（socket），从而形成了 TCP 连接通信的一端。TCP 连接传输的信息是一种全双工、点对点，传输的是字节流。

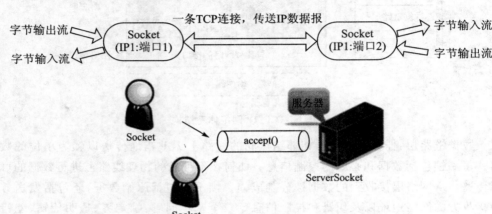

图 9.2 基于 TCP 连接的 Socket 通信

  从图 9.2 中可以看到，ServerSocket 提供 TCP 连接服务，在服务器端。Socket 是实际通信的两端的对象。即，服务端提供一个 TCP 连接服务的 ServerSocket 对象和一个用于通信的 Socket 对象，而客户端只有一个用于通信的 Socket 对象。

  在 Java 中 Socket 可以理解为客户端或者服务器端的一个特殊的对象，这个对象有两个关键的方法，一个是 getInputStream()方法，另一个是 getOutputStream()方法。

  getInputStream()方法可以得到一个输入流，客户端的 Socket 对象上的 getInputStream()方法得到的输入流其实就是从服务器端发回的数据流。getOutputStream()方法得到一个输出流，客户端 Socket 对象上的 getOutputStream()方法返回的输出流就是将要发送到服务器端的数据流，其实是一个缓冲区，暂时存储将要发送过去的数据，如图 9.3 所示。

  ServerSocket 类实现服务器套接字。服务器套接字等待请求通过网络传入。它基于该请求执行某些操作，然后可能向请求者返回结果。服务器套接字的实际工作由 SocketImpl 类的实例执行。应用程序可以更改创建套接字实现的套接字工厂来配置它自身，从而创建适合本地防火墙的套接字。ServerSocket 类的定义：

```
public class ServerSocket extends Object{
    public ServerSocket(int port) throwsIOException//构造方法,指定端口号
```

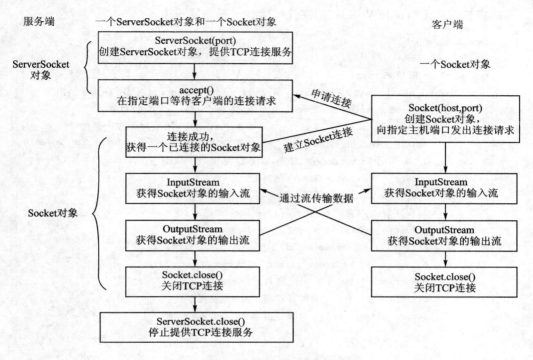

图 9.3 基于 TCP 连接的 Socket 通信

```
    public Socket accept() throws IOException
    //阻塞等待接收客户端的连接请求,连接成功后返回一个已连接的 Socket 对象
    public void close() throws IOException//停止等候客户端的连接请求
}
```

Socket 类实现客户端套接字(也可以就叫"套接字")。套接字是两台机器之间的通信端点。套接字的实际工作由 SocketImpl 类的实例执行。应用程序通过更改创建套接字实现的套接字工厂可以配置它自身,以创建适合本地防火墙的套接字。Socket 类的定义:

```
public class Socket extends Object{
    public Socket(String host, int port)throws UnknownHostException, IOException
        //构造方法,指定主机名和端口号
    public InputStream getInputStream() throws IOException
        //返回 TCP 连接提供的字节输入流
    public OutputStream getOutputStream() throws IOException
        //返回 TCP 连接提供有字节输出流
    public synchronized void close() throws IOException    //关闭 TCP 连接
}
```

【例 9.4】通过 ServerSocket 类及 Socket 类完成一个服务器的程序开发,此服务

器向客户端输出"HelloWorld!"的字符串信息。服务器程序：

```java
import java.net.*;
import java.io.*;
public class HelloServer{
    public static void main(String args[]) throws Exception {//所有异常抛出
        ServerSocket server = null;// 定义 ServerSocket 类的对象
        Socket client = null;       //声明 Socket 对象,用于接收客户端的 Socket 连接
        PrintStream out = null;     //用于向户端打印输出,打印流输出最方便
        // 实例化 ServerSocket 对象,服务器在 8888 端口上监听
        server = new ServerSocket(8888);
        System.out.println("服务器运行,等待客户端连接。");
        //程序进入阻塞状态,接收客户端 Socket 请求,返回一个客户端的 Socket 请求
        client = server.accept();
        String str = "hello world";   // 表示要输出的信息
        out = new PrintStream(client.getOutputStream());
        out.println(str);     // 向客户端输出信息
        client.close();   //关闭客户端 Socket 连接
        server.close();// 关闭服务器端 Socket 连接
    }
}
```

编写客户端，编写时主要使用 Socket 类，实例化 Socket 类的时候要指定服务器的主机地址和端口号。客户端程序：

```java
import java.net.*;
import java.io.*;
public class HelloClient{
    public static void main(String args[]) throws Exception {//所有异常抛出
        Socket client = null ;// 表示客户端
        client = new Socket("localhost",8888);
        BufferedReader buf = null ;//一次性接收完成,定义一个缓冲流
        buf = new BufferedReader(new InputStreamReader(client.getInputStream()));
        String str = buf.readLine(); // 用于读取服务器端发送过来的信息
        System.out.println("服务器端输出内容:" + str);
        buf.close();
        client.close();
    }
}
```

HelloServer 运行结果：

服务器运行,等待客户端连接。

由运行结果可以发现，执行 HelloServer 之后，程序停在原处不动了，这就表示

服务器在等待客户端的连接。

HelloClient 运行结果：

服务器端输出内容：hello world

从 HelloClient 运行结果可以看出，当客户端连接服务器后，服务器立刻将"hello world"发送给客户端，客户端接收后将内容显示出来。

【例 9.5】下面再来看一个 Socket 的经典范例——Echo 程序，读者可自行分析。Echo 服务器端程序：

```java
import java.io.*;
import java.net.*;
public class EchoServer{
    public static void main(String[] args) throws IOException {
        ServerSocket serverSocket = null;
        PrintWriter out = null;
        BufferedReader in = null;
        try {
            serverSocket = new ServerSocket(1111); // 实例化监听端口
        }catch (IOException e) {
          System.err.println("Could not listen on port: 1111.");
            System.exit(1);
        }
        Socket incoming = null;
        while(true) {
            incoming = serverSocket.accept();
            out = new PrintWriter(incoming.getOutputStream(), true);
//先将字节流通过 InputStreamReader 转换为字符流，之后将字符流放入缓冲之中
            in = new BufferedReader(new InputStreamReader(incoming.getInputStream()));
            out.println("Hello!...");// 提示信息
            out.println("Enter BYE to exit");
            out.flush();
            while(true) {// 没有异常的情况不断循环
                String str = in.readLine();// 只有当有用户输入的时候才返回数据
                if(str == null) {// 当用户连接断掉时会返回空值 null
                    break; // 退出循环
                } else {
                    //对用户输入字串加前缀 Echo:，将此信息打印到客户端
                    out.println("Echo: " + str);
                    out.flush();
                    //退出命令，equalsIgnoreCase()是不区分大小写的比较
                    if(str.trim().equalsIgnoreCase("BYE"))
```

```
                    break;
                }
            }
            out.close();
            in.close();
            incoming.close();
            serverSocket.close();
        }
    }
}
```

Echo 客户端程序：

```
import java.io.*;
import java.net.*;
public class EchoClient{
    public static void main(String[] args) throws IOException {
        Socket echoSocket = null;
        PrintWriter out = null;
        BufferedReader in = null;
        try {
            echoSocket = new Socket ( "localhost", 1111);
            out = new PrintWriter(echoSocket.getOutputStream(), true);
in = new BufferedReader(new InputStreamReader(echoSocket.getInputStream()));
        }
        catch (UnknownHostException e) {
            System.err.println("Don't know about host: localhost.");
            System.exit(1);
        }
        System.out.println(in.readLine());
        System.out.println(in.readLine());
BufferedReader stdIn = new BufferedReader(new InputStreamReader(System.in));
        String userInput;
//将客户端 Socket 输入流（既服务器端 Socket 的输出流）输出到标准输出上
        while ((userInput = stdIn.readLine()) ! = null) {
            out.println(userInput);
            System.out.println(in.readLine());
        }
        out.close();
        in.close();
        echoSocket.close();
    }
}
```

客户端运行结果:

Hello!...
Enter BYE to exit
RRRR
Echo:RRRR
HHHH
Echo:HHHH
I LOVE YOU
Echo: I LOVE YOU
BYE
Echo:BYE

运行上面的程序可以发现,无论客户端输入什么,服务器端都会对数据进行回应,输入"BYE"之后程序会退出。

但读者可能会发现,此程序只能允许一个客户端进行操作,即:其他客户端程序无法再进行 Socket 连接,那该如何去解决这个问题呢?读者应该还记得之前讲解过的多线程的概念,只要在服务器端实现多线程,则服务器可以同时处理多个客户端请求,下面的代码是改进后的 EchoServer 程序。

【例 9.6】服务器可以同时处理多个客户端请求。

程序如下:

```java
import java.net.*;
import java.io.*;
public class EchoMultiServerThread extends Thread {
    private Socket socket = null;
    public EchoMultiServerThread(Socket socket) {
        super("EchoMultiServerThread");
        //声明一个 socket 对象
        this.socket = socket;
    }
    public void run() {
        try{
            PrintWriter out = null;
            BufferedReader in = null;
            out = new PrintWriter(socket.getOutputStream(), true);
            in = new BufferedReader(new InputStreamReader(socket.getInputStream()));
            out.println("Hello!...");
            out.println("Enter BYE to exit");
            out.flush();
            while(true){
                String str = in.readLine();
```

```
                if(str = = null){
                    break;
                }
                else {
                    out.println("Echo: " + str);
                    out.flush();
                    if(str.trim().equalsIgnoreCase("BYE"))
                        break;
                }
            out.close();
            in.close();
            socket.close();
        } catch (IOException e) {
            e.printStackTrace();
        }
    }
}
```

EchoServerThread.java
```
import java.io.*;
import java.net.*;
//多线程的服务器端程序
public class EchoServerThread {
    public static void main(String[] args) throws IOException{
        ServerSocket serverSocket = null; //声明一个 serverSocket
        boolean listening = true; //声明一个监听标识
        try {
            serverSocket = new ServerSocket(1111);
        } catch (IOException e) {
            System.err.println("Could not listen on port: 1111.");
            System.exit(1);
        }
        //如果处于监听态则开启一个线程
        while(listening){
            //实例化一个服务端的 socket 与请求 socket 建立连接
            new EchoMultiServerThread(serverSocket.accept()).start();
        }
        //将 serverSocket 的关闭操作放在循环外,
        //只有当监听为 false 是,服务才关闭
        serverSocket.close();
    }
}
```

运行上面的服务器端程序之后,可以发现服务器可以同时处理多个客户端的 Socket 连接。

9.2.3 UDP Socket 通信实现

因为使用流套接字的每个连接均要花费一定的时间,要减少这种消耗,网络 API 提供了第二种套接字:自寻址套接字(datagram socket),自寻址使用 UDP 发送寻址信息(从客户程序到服务程序或从服务程序到客户程序),不同的是可以通过自寻址套接字发送多 IP 信息包,自寻址信息包含在自寻址包中,此外自寻址包又包含在 IP 包内,这就将寻址信息长度限制在 60000 字节内。

与 TCP 保证信息到达信息目的地的方式不同,UDP 提供了另外一种方法,如果自寻址信息包没有到达目的地,那么 UDP 也不会请求发送者重新发送自寻址包,这是因为 UDP 在每一个自寻址包中包含了错误检测信息,在每个自寻址包到达目的地之后 UDP 只进行简单的错误检查,如果检测失败,UDP 将抛弃这个自寻址包,也不会从发送者那里重新请求替代者,这与通过邮局发送信件相似,发信人在发信之前不需要与收信人建立连接,同样也不能保证信件能到达收信人那里。自寻址套接字工作常用的类包括下面两个类:DatagramPacket 和 DatagramSocket。DatagramPacket 对象描绘了自寻址包的地址信息,DatagramSocket 表示客户程序和服务程序自寻址套接字,这两个类均位于 java.net 包内。

DatagramPacket 类表示数据报包。UDP 数据报,用于装数据的类。数据报包用来实现无连接包投递服务。每条报文仅根据该包中包含的信息从一台机器路由到另一台机器。从一台机器发送到另一台机器的多个包可能选择不同的路由,也可能按不同的顺序到达。不对包投递做出保证。DatagramPacket 类定义:

```
public final class DatagramPacket extends Object{
    public DatagramPacket(byte[] buf, int length, InetAddress address, int port)//创建发送数据报
    public DatagramPacket(byte[] buf, int length)
        //创建接收数据报
    public byte[] getData()            //从缓冲区中返回数据
    public int getLength()             //返回数据报的长度
    public InetAddress getAddress()    //返回远程主机 IP 地址
    public int getPort()               //返回远程主机的端口号
    public void setAddress(InetAddress iaddr)   //发往的主机的 IP 地址
    public void setPort(int iport)              //发往的远程主机上的端口
}
```

在使用自寻址包之前,首先需要熟悉 DatagramPacket 类,地址信息和自寻址包以字节数组的方式同时压缩入这个类创建的对象中。

DatagramPacket 有数个构造方法,即使这些构造方法的形式不同,但通常情况

下它们都有两个共同的参数：byte [] buffer 和 int length,buffer 参数包含了一个对保存自寻址数据包信息的字节数组的引用,length 表示字节数组的长度。

最简单的构造方法是 DatagramPacket(byte [] buffer, int length),这个构造方法确定了自寻址数据包数组和数组的长度,但没有任何自寻址数据包的地址和端口信息,这些信息可以通过调用方法 setAddress(InetAddress addr) 和 setPort(int port) 添加上。

DatagramSocket 类表示用来发送和接收数据报包的套接字,即,真正用于通信的类。数据报套接字是包投递服务的发送或接收点。每个在数据报套接字上发送或接收的包都是单独编址和路由的。从一台机器发送到另一台机器的多个包可能选择不同的路由,也可能按不同的顺序到达。DatagramSocket 类定义：

```
public class DatagramSocket extends Object{
    public DatagramSocket() throws SocketException   //创建 Socket,绑定一可用端口
    public DatagramSocket(int port) throws SocketException   //port 指定端口
    public void send(DatagramPacket pack) throws IOException   //发送 pack 数据报包
    public void receive(DatagramPacket pack) throws IOException //接收数据报包存于 pack 中
    public void close()              //关闭 Socket
}
```

在 DatagramSocket 上总是启用 UDP 广播发送。为了接收广播包,应该将 DatagramSocket 绑定到通配符地址。在某些实现中,将 DatagramSocket 绑定到一个更加具体的地址时广播包也可以被接收。例如：

```
DatagramSocket s = new DatagramSocket(null); s.bind(new InetSocketAddress(8888));
```

这等价于：DatagramSocket s = new DatagramSocket(8888);两个例子都能创建能够在 UDP 8888 端口上接收广播的 DatagramSocket。

DatagramSocket 类在客户端创建自寻址套接字与服务器端进行通信连接,并发送和接受自寻址套接字。虽然有多个构造方法可供选择,但发现创建客户端自寻址套接字最便利的选择是 DatagramSocket() 方法,而服务器端则是 DatagramSocket(int port) 方法,如果未能创建自寻址套接字或绑定自寻址套接字到本地端口,那么这两个方法都将抛出一个 SocketException 对象,一旦程序创建了 DatagramSocket 对象,那么程序将分别调用 send(DatagramPacket dgp) 和 receive(DatagramPacket dgp) 来发送和接收自寻址数据包。

【例 9.7】如果想要运行程序,则在数据报的开发中,首先应该保证客户端要打开。

程序如下：

```
import java.net.DatagramPacket ;
import java.net.DatagramSocket ;
```

```java
public class UDPClient{
    public static void main(String args[]) throws Exception{//所有异常抛出
        DatagramSocket ds = null ;// 定义接收数据报的通信对象
        DatagramPacket dp = null ;//定义接收数据报的数据对象
        byte[] buf = new byte[1024] ;// 开辟接收数据的空间
        ds = new DatagramSocket(9000) ;// 客户端在 9000 端口上等待服务器发送信息
        dp = new DatagramPacket(buf,1024) ; // 所有的信息使用 buf 保存
        ds.receive(dp)  ;// 接收数据
        String str = new String(dp.getData(),0, dp.getLength()) + "from"
                    + dp.getAddress().getHostAddress() + ":" + dp.getPort();
        System.out.println(str) ;// 输出内容
    }
}
```

要进一步等待服务器发送信息。

```java
import java.net.DatagramPacket ;
import java.net.DatagramSocket ;
import java.net.InetAddress ;
public class UDPServer{
    public static void main(String args[]) throws Exception{//所有异常抛出
        DatagramSocket ds = null ;// 定义发送数据报的通信对象
        DatagramPacket dp = null ;// 定义发送数据报的数据对象
        ds = new DatagramSocket(3000) ;// 服务端在 3000 端口上等待服务器发送信息
        String str = "hello World!!!" ;
        dp = new DatagramPacket(str.getBytes(),str.length(),
                            InetAddress.getByName("localhost"),9000);
        //构造数据报
        System.out.println("发送信息。") ;
        ds.send(dp);// 发送信息出去
        ds.close() ;
    }
}
```

UDPClient 运行结果:

Hello world!!! from 127.0.0.1:3000

UDPServer 运行结果:

发送信息。

【例 9.8】下面再看一个简单的例子:

```java
import java.net.*;
import java.io.*;
public class UDPReceive {
    public static void main(String[] args) {
        DatagramSocket ds = null;
        byte[] buf = new byte[1024];
        DatagramPacket dp = null;
        try {
            ds = new DatagramSocket(9000);
        } catch (SocketException ex) {
        }
        //创建 DatagramPacket 时,要求的数据格式是 byte 型数组
        dp = new DatagramPacket(buf, 1024);
        try {
            ds.receive(dp);
        } catch (IOException ex1) { }
        //调用 public String(byte[] bytes,int offset,int length)构造方法,
        //将 byte 型的数组转换成字符串
        String str = new String(dp.getData(), 0, dp.getLength()) + " from "
                + dp.getAddress().getHostAddress() + " : " + dp.getPort();
        System.out.println(str);
        ds.close();
    }
}
```

发送方:

```java
import java.net.*;
import java.io.*;
public class UdpSend{
    public static void main(String[] args){
        //要编写 UDP 网络程序,首先要用到 java.net.DatagramSocket 类
        DatagramSocket ds = null;
        DatagramPacket dp = null;
        try {
            ds = new DatagramSocket(3000);
        } catch (SocketException ex) { }
        String str = "hello world ";
        try {
            dp = new DatagramPacket(str.getBytes(), str.length(), InetAddress
                    .getByName("localhost"), 9000);
        //调用 InetAddress.getByName()方法可以返回一个 InetAddress 类的实例对象
        } catch (UnknownHostException ex1) { }
```

```
        try {
            ds.send(dp);
        } catch (IOException ex2) { }
        ds.close();
    }
}
```

UdpSend 运行结果是没有任何显示的。

UDPReceive 运行结果：

hello world from 127.0.0.1 : 3000

UDP 数据的发送，道理类似于发送寻呼，发送者将数据发送出去就不管了，是不可靠的，有可能在发送的过程中发生数据丢失。就像寻呼机必须先处于开机接收状态才能接收寻呼一样的道理，这里要先运行 UDP 接收程序，再运行 UDP 发送程序，UDP 数据包的接收是过期作废的。因此，前面的接收程序要比发送程序早运行才行。

当 UDP 接收程序运行到 DatagramSocket.receive 方法接收数据时，如果还没有可以接收的数据，在正常情况下，receive 方法将阻塞，一直等到网络上有数据到来，receive 接收该数据并返回。

参考文献

[1] 叶核亚. Java 程序设计实用教程[M]. 3 版. 北京:电子工业出版社,2010.
[2] Cay S. Horstmann,Gary Cornell. Core Java Volume I——Fundamentals [M]. 9 版. 北京:机械工业出版社,2014.
[3] 郑莉,王行言,马素霞. Java 语言程序设计[M]. 北京:清华大学出版社,2005.
[4] Bruce Eckel. Java 编程思想[M]. 4 版. 北京:机械工业出版社,2012.
[5] 辛运帏,饶一梅. Java 程序设计[M]. 2 版. 北京:清华大学出版社,2006.
[6] 孙卫琴. Java 开发专家:Java 面向对象编程[M]. 北京:电子工业出版社,2006.
[7] Sierra K,Bates B. Head First Java(中文版)[M]. 2 版. 杨尊一,译. 北京:中国电力出版社,2007.